JN236313

バイオセンサー入門

博士(工学) 六車 仁志 著

コロナ社

バイオセンサー入門

瀬戸口 六郎 口 志 著

コロナ社

まえがき

　科学技術は，人類の営みの結果であり，すでに大きな体系ができあがっていて完全なるもののように考えられがちである．しかし，本当は先人たちの労苦のたまものである．先人たちが無から有を創造したのではなく，その多くは身近なもの－天の創造物「生物」－を手本にした．科学技術は，「模倣」することから始まったのである．

　20世紀の科学技術は，大量生産・大量消費を目指して発展してきた結果，地球環境や人類自身に大きな負荷を与えてきた．21世紀の科学技術は，環境と人に優しく，省エネルギーと省資源を約束してくれることが，現代社会で求められている．生体機能と科学技術の融合－すなわち，自然界の生物機能を模倣あるいは利用することで，地球環境への影響を最小限に抑え，持続的発展を可能にする－は，その解決方法の一つとして考えられている．その中で，バイオセンサーは，生物機能と科学技術の融合が具体的な形となって現れ，人間社会に影響を与えてきた典型例である．

　バイオセンサーは，測定対象物の情報を電気信号に変換するデバイスの一つである．バイオセンサーは二つの部分から構成されている．一つは目的とする物質のみを認識する部分（分子識別素子）であり，もう一つは認識したという情報を電気的な信号などに変換する部位（信号変換素子）である．前者に生物由来のもの（おもに生体分子）を用いるために「バイオ」センサーと呼ばれる．バイオセンサーの利点は，従来の分析法に比べ，使用の容易さ，コンパクトなサイズ，実時間測定，試料の前処理が不要であることなどがあり，環境計測，医療，食品，発酵プロセス，工業プロセスなど幅広く利用されている．

　バイオセンサーは，学問的観点からは，学際領域であり，関連分野は物理学，化学，生物学，生化学，電気化学，環境科学，材料科学，電子情報工学などの

まえがき

広範な領域にわたる。前提となる知識が多いため，初学者にとってはどのように学べばよいのかがわかりにくい。また，これまでのバイオセンサーに関する書物の多くは，バイオセンサーの原理が中心に書かれたり，応用的な観点から書かれたりしている。しかも，最近の進歩が反映されていない。

本書では，バイオセンサーを初めて学ぶ者をおもに想定して書かれた。本書の特徴は，実用化されたバイオセンサーを採り上げ，それぞれ掘り下げて説明する。1980年以降さまざまなバイオセンサーが提案・開発されているが，実用化されているものはその一部であり，その理由を知ることがバイオセンサーを理解する近道であると著者は考えた。また，他書の参照なしで，できるだけ本書だけで理解できるように努めた。入門書を意図しているゆえ，厳密さを欠いてもわかりやすい記述説明を心がけた。電子工学（エレクトロニクス）の基礎的事項は最後の付録の章にまとめたので，この分野になじみのない方はこちらを参照されたい。

本書のもう一つの特徴は，1990年以降に開発・実用化に至った表面プラズモン共鳴バイオセンサーやDNAチップなども採り上げている。

本書を通して，この分野に興味をもっていただくとともに，この分野の理解がより深まれば幸いである。

2003年10月

著　者

目次

1 序論

1.1 センサーの基本概念 ･･･ 1
1.2 バイオセンサーの基本概念 ･･ 3
1.3 バイオセンサーの分類 ･･ 5

2 化学センサー

2.1 はじめに ･･･ 8
2.2 電気化学の基礎 ･･･ 8
2.3 酸素センサー ･･･ 10
2.4 過酸化水素センサー ･･ 13
2.5 イオンセンサー ･･･ 14
2.6 ISFET ･･ 17

3 酵素センサーであるグルコースバイオセンサー

3.1 はじめに ･･ 19
3.2 グルコース測定の必要性 ･･･ 19
3.3 従来のグルコース分析方法 ･･･････････････････････････････････････ 22
3.4 グルコースバイオセンサーに利用される酵素 ･･･････････････････････ 22
3.5 グルコースバイオセンサーに利用される信号変換素子 ･･････････････ 28
3.6 酵素固定化技術 ･･･ 28
3.7 グルコースバイオセンサーの構成と原理 ･･･････････････････････････ 30
3.8 さまざまな形態のグルコースバイオセンサー ････････････････････････ 34

4 糖尿病とグルコースバイオセンサー

4.1 はじめに ……………………………………………………… 39
4.2 糖尿病 ………………………………………………………… 39
4.3 血糖値測定用バイオセンサーの必要条件 ………………… 42
4.4 メディエータ使い捨てグルコースバイオセンサー ……… 43
4.5 光検出使い捨てグルコースバイオセンサー ……………… 47
4.6 バイオセンサーの意義 ……………………………………… 48

5 さまざまな酵素センサー

5.1 はじめに ……………………………………………………… 50
5.2 酵素を換える ………………………………………………… 50
5.3 信号変換素子を換える ……………………………………… 54
5.4 複数の酵素を使用する ……………………………………… 62
5.5 酵素の阻害作用を利用する ………………………………… 64

6 環境計測用微生物センサー

6.1 はじめに ……………………………………………………… 65
6.2 水質汚濁 ……………………………………………………… 65
6.3 微生物 ………………………………………………………… 67
6.4 従来のBOD測定法 …………………………………………… 69
6.5 微生物センサーの構成と原理 ……………………………… 70
6.6 BODセンサー ………………………………………………… 72
6.7 さまざまな微生物センサー ………………………………… 75

7 免疫測定用表面プラズモン共鳴バイオセンサー

- 7.1 はじめに ……………………………………………………… 77
- 7.2 免疫反応 ………………………………………………………… 77
- 7.3 触媒バイオセンサーと結合バイオセンサー …………………… 83
- 7.4 従来の免疫反応の測定方法 …………………………………… 84
- 7.5 表面プラズモン共鳴現象 ……………………………………… 87
- 7.6 表面プラズモン共鳴バイオセンサーの構成と原理 ………… 90
- 7.7 表面プラズモン共鳴バイオセンサー装置 …………………… 92
- 7.8 さまざまな免疫センサー ……………………………………… 96

8 水晶振動子バイオセンサー

- 8.1 はじめに ……………………………………………………… 99
- 8.2 水晶 …………………………………………………………… 99
- 8.3 微量天秤 ……………………………………………………… 101
- 8.4 水晶振動子バイオセンサーの構成と原理 ………………… 102
- 8.5 においセンサー ……………………………………………… 106

9 遺伝子解析とDNAチップ

- 9.1 はじめに ……………………………………………………… 108
- 9.2 ゲノム,遺伝子およびDNA …………………………………… 108
- 9.3 従来の遺伝子解析法 ………………………………………… 114
- 9.4 DNAチップの作製方法 ……………………………………… 120
- 9.5 DNAチップの利用方法 ……………………………………… 122
- 9.6 DNAチップの応用 …………………………………………… 126

10 バイオテクノロジーを支える電子工学

10.1 はじめに 128
10.2 電気による細胞融合と遺伝子導入 128
10.3 パーティクルガンによる遺伝子組換え作物 134
10.4 生体電気現象の計測 137
10.5 質量分析による生体高分子の分析 144

11 バイオセンサーの新展開

11.1 はじめに 151
11.2 微小化学分析システム 151
11.3 化学増幅型バイオセンサー 152
11.4 生体模倣素子 154
11.5 プロテインチップ 156
11.6 生物燃料電池 157

付録　エレクトロニクスの基礎

付1 はじめに 159
付2 半導体 159
付3 ダイオード 163
付4 トランジスタ 167
付5 電界効果トランジスタ 169
付6 オペアンプ 170
付7 アナログ－ディジタル変換 172

引用・参考文献 176
索引 178

1 序　　　　論

1.1　センサーの基本概念

　センサーとは，一般的にはシステムに必要な情報を取り出すデバイス（装置）である。生体を例にとると，生体は外界からの刺激を五感で受けて，その信号を神経によって脳へ伝達し，脳では情報処理を行い，つぎの行動を判断する。この場合，五感（視覚，聴覚，嗅覚，触覚，味覚）がセンサーとなる。なんらかの行動を起こす場合にセンサーから得られる情報は重要であることはいうまでもない。センサーの典型的な例は，**表1.1**に示すとおりである。温度計，加速度計，湿度計，圧力計，光量計，音波計，振動計などは「物理量」を測定するので，物理センサーである。五感では，視覚，聴覚および触覚に対応する。このような物理センサーはすでに，家電製品や自動車などにも使われている。また，pH計，イオン計，ガス警報器，イオンセンサー，酵素センサーなどは「化学物質」を測定するので，化学センサーである。五感では，嗅覚および味覚に対応する。

　生物の五感から得られた情報は，電気信号によって伝搬され処理される。センサーについてはさまざまな定義があるが，ここでは**図1.1**に示すように外界

表1.1　センサーの分類

物理センサー	温度計，加速度計，湿度計，圧力計，光量計，音波計，振動計
化学センサー	pH計，イオン計，ガス警報器，イオンセンサー，酸素センサー

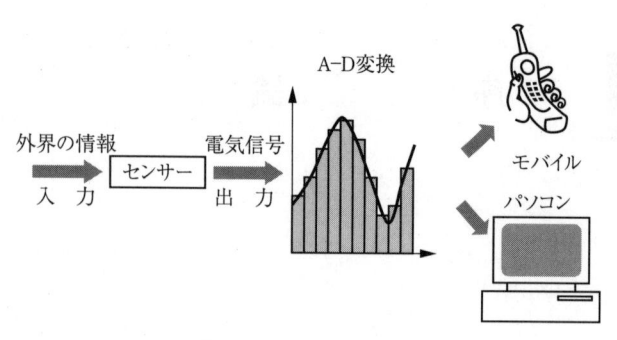

図 1.1 センサーの定義

の情報を検知して電気信号に変換する装置をセンサーと定義する。現在使われている電気機器，計測器，自動車，コンピュータなどでは，外界の情報を検知して電気的に処理することが普通なので，出力は電気信号であることが望ましい。その電気信号は，ディジタルに変換されて，パソコンや携帯コンピュータ（モバイル）などのIT機器で処理されることが多い。

実際のセンサーでは，外界の情報量と電気信号の関係は**図1.2**に示すように，センサーによって測定できる範囲は限られている。これより，情報が検出できる最低量は検出限界である。通常は，信号対雑音比は，3程度が目安である。逆に，情報量が多すぎてもそれに伴う電気信号が得られない。つまり，センサー応答が飽和状態である。このようにセンサーによって検出可能な情報量の範囲をダイナミックレンジという。検出限界が高く，かつダイナミックレンジが

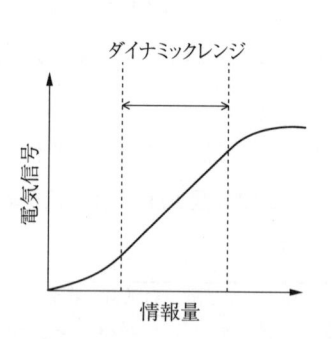

図 1.2 現実のセンサーの情報量と電気信号との関係

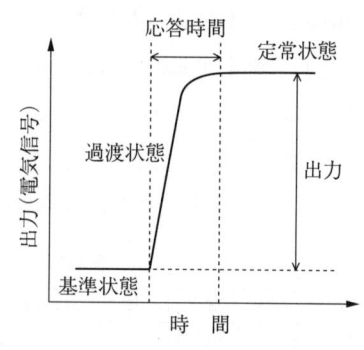

図 1.3 現実のセンサーの時間特性

高いセンサーほど高性能であるといえる。

　実際のセンサーでは，図1.3に示すように，測定を始めてから結果が出るまでに時間がかかる。例えば，体温計の場合は，センサーのセンシング部が体温と同じ温度になるのに時間を要することである。これを，センサーの応答時間と呼び，短いほど高性能なセンサーであるといえる。最近では，電気信号を処理することによって，過渡状態の変化から定常状態の値を予測して瞬時に結果を表示できるものもある。

　また，センサーは情報量と電気信号は比例関係を保つように変換するが，それだけでは不十分である。図1.4に示すように，基準点を定めることが必要であり，これを行うことを校正と呼ぶ。さらに，さまざまな要因により同じ測定を数回行った場合に同じ測定値を示さないことがある。この測定値のばらつきが小さいほど高性能なセンサーであり，測定の再現性と呼ぶ。

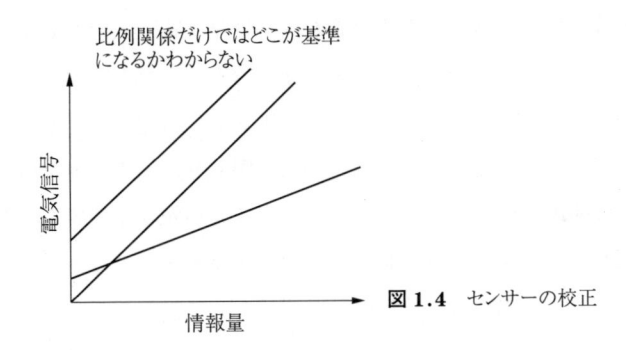

図1.4　センサーの校正

1.2　バイオセンサーの基本概念

　1.1節では，センサーの基本概念について述べた。1.2節では，バイオセンサーとはいったいどのようなものか，すなわち，バイオセンサーの基本概念について説明する。バイオセンサーの測定対象は化学物質であり，この点においては，図1.5に示すようにバイオセンサーは化学センサーの一種である。ところが実際に測定するときには，図1.6に示すように，測定する試料には，目的

1. 序論

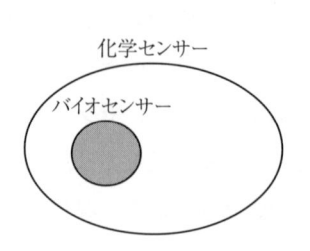

図 1.5 化学センサーとバイオセンサーの関係

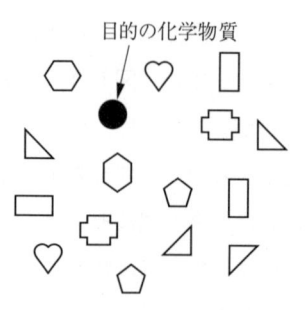

図 1.6 測定試料には多種類の化学物質が含まれている

の化学物質以外にもさまざまな化学物質が存在している。例えば，水素イオンを測定するセンサーでは，ナトリウムイオンにも応答する場合がある。むしろ，選択性を解決できたものが具体的な形となって世に出回っている。

通常の化学物質の分析では，大がかりな装置を使用するので機器分析と呼ばれる。機器分析では，対象となる物質だけを分離する工夫が必要である。例えば，通常の分析においては，試料を**図 1.7**に示すようなクロマトグラフィで分離したり，薬品処理などを行う。分離した後でもその化学物質が目的物であるかどうかを同定する必要がある。同定には，**図 1.8**に示すような核磁気共鳴装置がしばしば使用される。このように，高価で大がかりな装置を必要とするだけでなく，取り扱いも煩雑で，装置の管理も必要である。

バイオセンサーの場合は，生物のもつ優れた分子識別力を利用するため，分離操作や試薬の前処理などは必要ない。そのため，操作が簡単，装置が持ち運

図 1.7 ガスクロマトグラフィ装置（高知工科大学所蔵）

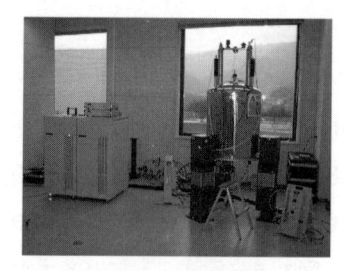

図 1.8 核磁気共鳴装置（高知工科大学所蔵）

びできるくらい小さくて軽い，短時間で測定できる，費用が安いなどの利点がある。

図1.9にバイオセンサーの基本構成を示す。バイオセンサーは二つの部分から構成されている。一つは測定対象物質のみを認識する部分（分子識別素子）であり，もう一つは認識したという情報を電気的な信号などに変換する部位（信号変換素子）である。前者に生物由来のもの（おもに生体分子）を用いるために「バイオ」センサーと呼ばれる。分子識別素子には，酵素，抗体，DNA，細胞，微生物などが挙げられる。信号変換素子は，電極，サーミスタ，受光デバイス，水晶振動子，表面プラズモン共鳴など，通常の電子機器や化学センサーが使われる。それぞれについては，追って説明する。

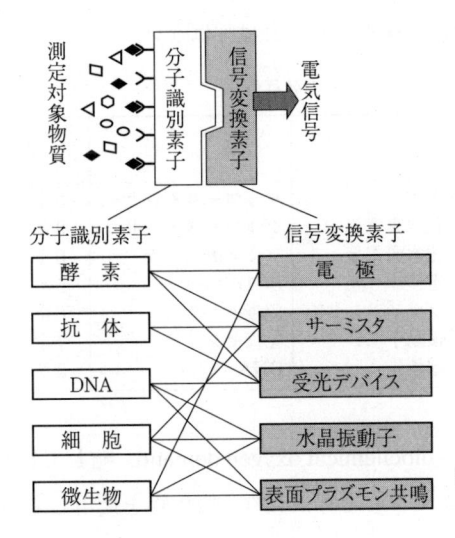

図 1.9 バイオセンサーの基本構成

1.3　バイオセンサーの分類

バイオセンサーは，2種類のコンポーネントの組合せによって構成されることは1.2節で述べた。バイオセンサーの基本構造を理解するには，どんな化学物質を測定するのか，どんな分子識別素子から構成されるか，どんな信号変換素子から構成されるか，に注目すればよい。実際の装置では，両者の組合せ方

（固定化技術）や測定試料の量や形態によってもさまざまなバラエティーがある。バイオセンサーの名称は，通常，測定対象物質の名称で呼ぶことが一般的である。ただし，分類上，分子識別素子または信号変換素子の中で特徴を表すものの名称で呼ばれる。

表1.2に本書で紹介するバイオセンサーについての名称例を示す。例えば，グルコースバイオセンサーを例に挙げると，「グルコースセンサー」はグルコースを測定するセンサーである。酵素を使用しているので「酵素センサー」である。ただし，酵素センサーではグルコース以外の化学物質を測定するセンサーもあるので，「酵素センサー」はより広義の名称である。酸素電極を使用するバイオセンサーは数多くある上，グルコースセンサーの場合は過酸化水素電極を使用することもあるので，酸素電極センサーとは呼ばない。

表1.2　バイオセンサーの名称例

測定対象	分子識別素子（生物素子）	信号変換素子	名　称	本　書
グルコース	酵　素	酸素電極	グルコースセンサー	3章
グルコース	酵　素	過酸化水素電極	グルコースセンサー	3章
アミノ酸	酵　素	過酸化水素電極	アミノ酸センサー	3章
BOD	微生物	酸素電極	BODセンサー	5章
抗　原	抗　体	表面プラズモン共鳴	免疫センサー	6章
抗　原	抗　体	水晶振動子	免疫センサー	7章
DNA	相補DNA	光，電極	DNAチップ	8章

同様に，生物化学的酸素要求量（biochemical oxygen demand，略してBOD）を測定するセンサーは，「BODセンサー」と呼ばれる。微生物を使用しているので「微生物センサー」でもあるが，BOD以外を測定する微生物センサーもある。

免疫反応を検出するセンサーは，「免疫センサー」と呼ばれる。これは，免疫反応には抗原抗体反応がかかわっているためである。ただし，免疫センサーでは，信号変換素子に表面プラズモン共鳴や水晶振動子が特徴的に使用されるので，それぞれの名称で「表面プラズモン共鳴バイオセンサー」あるいは「水晶振動子バイオセンサー」などの呼び方をする。

参考までに，**表1.3**にはバイオセンサーの利用分野，**表1.4**にはバイオセンサー年表を示す。

表1.3 バイオセンサーの利用分野

医　療	環　境
食　品	工業プロセス
発酵・醸造	農林水産

表1.4 バイオセンサー年表

年　代	事　　柄
1950	
	クラーク型酸素電極
	ポーラログラフィ
1960	
	グルコースバイオセンサー
1970	イオン感応電界効果トランジスタ (ISFET)
	微生物センサー
1980	
	メディエータバイオセンサー
	水晶振動子バイオセンサー
1990	表面プラズモン共鳴バイオセンサー
	DNAチップ
2000	
	プロテインチップ

2 化学センサー

2.1 はじめに

1章で述べたようにバイオセンサーは,化学センサーの一種である(図1.5)。バイオセンサーを採り上げる前に,化学センサーについて知ることでバイオセンサーについての理解が深まると考えられるので,2章では,バイオセンサーに関連の深い化学センサーについて解説する。

2.2 電気化学の基礎

ここで紹介する化学センサーは,主として測定を電気化学的に行う。すなわち,対象とする物質が関与する化学反応によって,電流または電圧変化を生じることを利用する。電気化学の基本について知るために,水の電気分解について説明する。まず,**図2.1**に示すような実験系を考える。純水は,そのままで

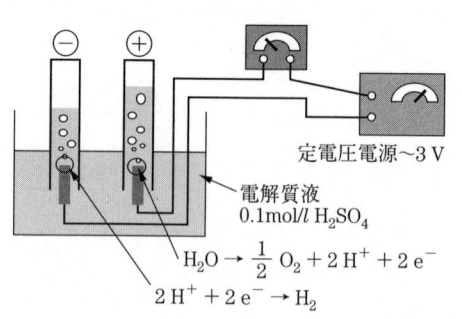

定電圧電源〜3 V
電解質液 $0.1\,mol/l\ H_2SO_4$
$H_2O \rightarrow \frac{1}{2}O_2 + 2H^+ + 2e^-$
$2H^+ + 2e^- \rightarrow H_2$

図2.1 水の電気分解

は絶縁体であるので、電解質（硝酸、硫酸、塩酸、塩など）を含んでいる。これに二つの電極を入れ、両者間に3V程度の直流電圧を加えると、両者の電極から気体が発生する。正電極からは、水素が発生し、負電極からは、酸素が発生する。正電極では、一つの水分子から電子2個が奪われて、電極に流れ酸素が発生する。負電極では、水素イオンが電極から電子をもらって水素が発生する。電気化学では、図2.2に示すように酸化反応が起こる電極をアノード、還元反応が起こる電極をカソードと呼ぶ。このように電気化学は、電極表面での化学反応が重要な位置を占める。そして、この化学反応によって生成したり、溶解したりする物質の量は、流れた電気量とその化学物質の化学等量に比例する。物質移動律速の条件下では、一定時間に流れる電気量（電流値）は、物質量（濃度）に比例するので、電流値を測定することで化学物質量を測定できる。

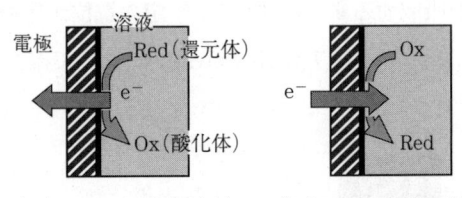

図2.2 電極の名称
（a）アノード(酸化反応)　（b）カソード(還元反応)

化学センサーの基本構成は、図2.3のようになる。二つの電極間に電圧をかけ、流れる電流を計測する。二つの電極内の一方を作用電極と呼び、この電極表面で起こる反応がセンサー特性とかかわりがあるので、センシング部となる。他方の電極を対極と呼び、電流が流れるための回路を構成する役割がある。これは、2電極方式であり、電流が流れて電極表面で化学反応が起こると電位が変動する。そのため、二つの電極上でどのような電位でどのような反応が起こっているかがわからない。そのために、図2.4のように3電極方式が用いられている。この場合、第3の電極を参照電極と呼ぶ。参照電極の電位を基準にして、作用電極の電位を設定する。実際の3電極方式では、すべてを制御するポテンショスタットと呼ばれる装置に接続して測定を行う。化学センサーでは、

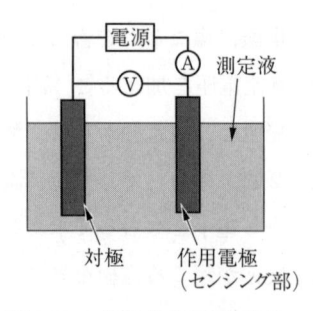

図 2.3　2 電極方式の電気化学センサーの基本構成

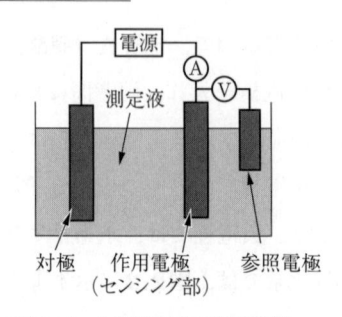

図 2.4　3 電極方式の電気化学センサーの基本構成

銀/塩化銀（Ag/AgCl）がよく使用され，図 2.5 のような構造をもつ。塩化銀の薄膜で表面を覆った銀電極が飽和塩化カリウム（KCl）溶液に浸っている。塩化銀の一部は銀イオン（Ag^+）と塩素イオン（Cl^-）に電離し，溶液中の Cl^- 濃度が Ag^+ 濃度に比べて十分大きいとき，解離平衡で起こる電流によって生じる Ag^+ あるいは Cl^- の増減を吸収するように作用し，一定の電位が保たれる。このような電気化学は，チェコスロバキアの Heyrovsky によって確立され，1959 年にノーベル化学賞を受賞した。

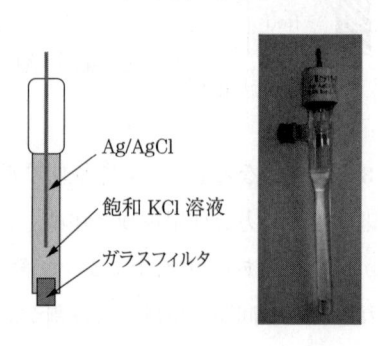

図 2.5　銀/塩化銀参照電極の構造と実物写真

2.3　酸素センサー

酸素電極（センサー）は，水溶液中の酸素濃度（溶存酸素）を測定する化学センサーである。電極に適当な電圧を加え，電極における化学反応による電流を計測することによって酸素濃度を計測する。このようなセンサーのタイプは，

ポーラロ式である。**図2.6**には，酸素センサーの構造と実物写真を示す。これは，クラーク型酸素電極であり，1953年にL.C. Clarkらによって開発された[†]。カソードには白金（Pt），アノードには銀/塩化銀電極，電解質液は塩化カリウムなどが用いられる。酸素透過膜には，厚さ20 μm程度のテフロン，ポリプロピレンなどが使用される。動作原理は，つぎのとおりである。すなわち，酸素が酸素透過膜を通して，拡散によって作用電極（カソード）に輸送される測定系を作る。つまり，一定の電解質液中で白金電極の表面から放出された電子と，膜を通して拡散してきた酸素および電解液中の水とで式(2.1)の反応を起こし，酸素が消費される。

$$O_2 + 2H_2O + 4e^- \longrightarrow 4OH^- \tag{2.1}$$

一方，アノードでは

$$Ag + Cl^- \longrightarrow AgCl + e^- \tag{2.2}$$

の反応が起こる。このとき溶存酸素濃度は電極表面で0となり，膜の外側との間で酸素勾配を生じ，拡散によって電極表面に酸素が供給される。膜を介しての拡散による輸送は濃度勾配に比例するので，電流を測ることで酸素濃度を測定できる。酸素は，生物にとって必要不可欠であるので，酸素センサーは，医

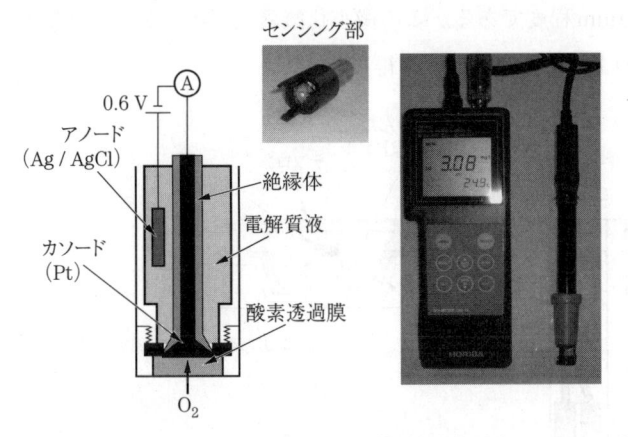

図 2.6 クラーク型酸素電極の構造と実物写真

[†] L. C. Clark Jr., R. Wolf, D. Granger and Z. Taylor：*J. Appl. Physiol.*, **6**, 189（1953）

療，環境，食品，発酵・醸造プロセス，工業プロセスなどに幅広く利用されている。

この酸素電極は，バイオセンサーの信号変換素子として幅広く利用されている。これは，このクラーク型の酸素電極は常温で安定に動作し，水溶液中での使用に適しているからである。しかし，図2.6に示したようにガラスまたは塩化ビニルの容器の中に金属電極を挿入し，電解質液とともにガス透過膜でカソードを被覆することにより構成される。これは，1本ずつ手作業で作製しており高価である。一方，最近のバイオセンサーの開発研究の進展に伴い，さらに特殊なバイオセンサーが要望されるようになった。例えば，バイオセンサーを体内に埋め込んだり，集積化して多機能化するにはクラーク型酸素電極は適さない。このような背景から微小化酸素電極が開発されるようになった。これを，**図2.7**に示す。微小化酸素電極は，半導体技術で作製される。シリコン基板を異方性エッチングによって溝を作製し，そこに電解質液を蓄える。図の微小化酸素電極では，電解質液が漏れ出ることを防ぐためにアクリルアミドゲルによって非流動化している。金属電極は，真空蒸着やスパッタリングによって薄膜のパターン形成をする。最後に酸素透過性のテフロン膜で被覆する。大きさは，$5\,mm \times 20\,mm$程度である。この微小化酸素電極は，クラーク型と同様の安定で再現性のよいセンサー応答が得られている。

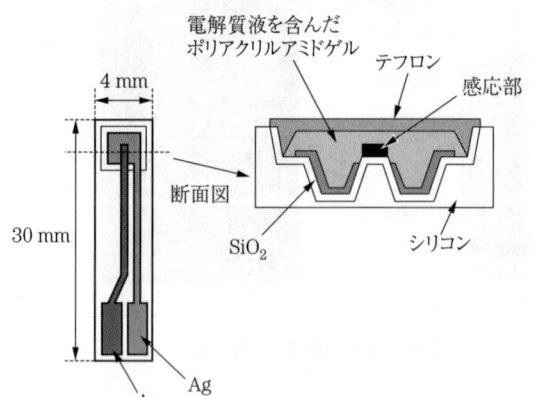

図2.7 微小化酸素電極の構造

2.4 過酸化水素センサー

過酸化水素電極は,図**2.8**に示すように酸素電極と基本構造が同じであるが,アノードとカソードが入れ替わり,アノードが作用電極になる。また,酸素透過膜は不要である。アノードの電位を約$0.6\,\mathrm{V}$に設定するとアノードでは

$$H_2O_2 \longrightarrow 2H^+ + O_2 + 2e^- \tag{2.3}$$

カソードでは

$$AgCl + e^- \longrightarrow Ag + Cl^- \tag{2.4}$$

の反応が起こる。アノードでの電流値は過酸化水素濃度に比例するので,電流値から過酸化水素濃度に換算することができる。

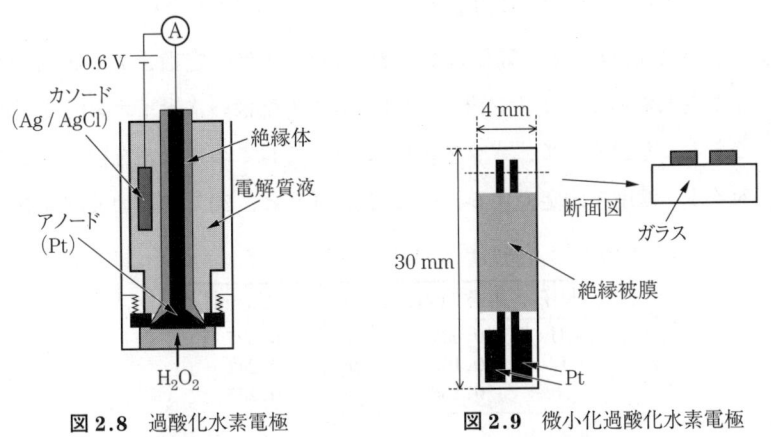

図2.8 過酸化水素電極の構造

図2.9 微小化過酸化水素電極の構造

また,酸素電極と同様に微小化過酸化水素電極も開発されている。**図2.9**に示すが,過酸化水素電極の場合は,内部電解質液が必要なく,電極材料に触媒性の高い白金を用いることで良好なセンサーが得られている。

2.5 イオンセンサー

代表的なイオン電極であるガラスpHセンサーについて説明する。pHは水素イオン濃度のことであり、式(2.5)で定義される。

$$pH = -\log_{10}[H^+] \tag{2.5}$$

水素イオンは、**表2.1**に示すように、もっとも小さい。多孔質ガラスは、水素イオンのみ選択的に通過させるので、**図2.10**のようにガラス膜の内部と外部の水素イオンの濃度差が合った場合には、式(2.6)で表される電位差が発生する。

$$E = A + \frac{RT}{F}\log\left(\frac{[H^+]_{in}}{[H^+]_{out}}\right) \tag{2.6}$$

ただし、A：定数、R：気体定数、F：ファラデー定数、T：絶対温度、$[H^+]_{in}$：内部液の水素イオン濃度、$[H^+]_{out}$：外部液の水素イオン濃度（測定液）である。したがって、ガラスpHセンサーではこの電位差を検出することで水素イオン濃度を測定できる。式(2.6)に従うと、20℃において内部液と外

表2.1 さまざまな原子の半径

原子	半径〔nm〕	原子	半径〔nm〕
H	0.037	K	0.227
Li	0.152	Rb	0.247
Na	0.186	Cs	0.265

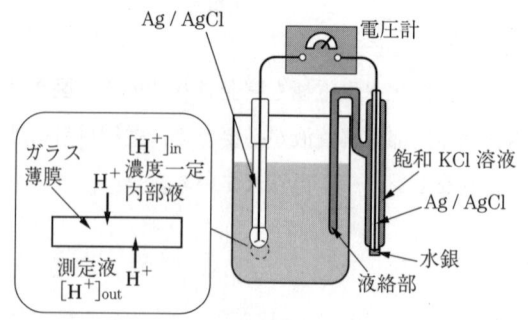

図2.10 ガラスpHセンサーの測定原理

部液間のpHが1異なる（H^+濃度が10倍異なる）と約59 mVの電位差が生じることになる。

　実際のガラスpHセンサーは，図2.11のように1本に参照電極や内部液が集積された構造になる。ガラス電極の原理的な特徴は，酸素電極は電流を測定したのに対し，電位を測定することである。電極の内部抵抗は大きく（数GΩ程度）高入力インピーダンスの増幅器を必要とする。そのため，測定系全体は，図2.12に示すようになる。

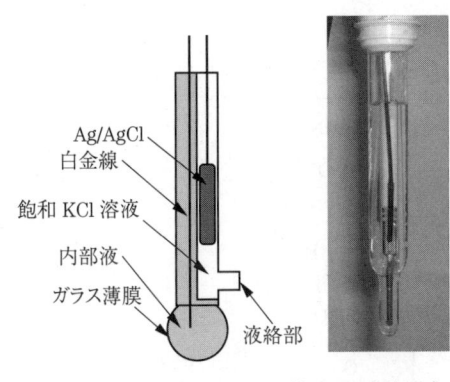

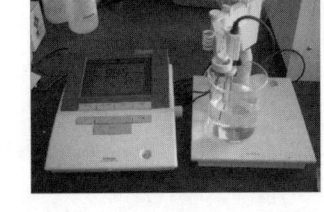

図2.11 ガラスpHセンサーの構造図と実物写真　　**図2.12** ガラスpHセンサーの測定系

　ガラス薄膜の代わりに，あるイオンに選択的に識別する物質を使用すればpHセンサーと同様の原理でイオンセンサーを作製できる。pHセンサーの場合は，表2.1に示したように水素イオンの大きさは他のイオンに比べて極端に小さいために，選択性のよいセンサーを開発することは容易であった。実際，pH計はナトリウムイオンにはほとんど応答しない。しかし，他のイオンセンサーを開発する上では，目的イオンの選択性を高めることにさまざまな工夫がなされている。

　まず，ガラスの組成，$(SiO_2)_x(Al_2O_3)_y(Na_2O)_z$ を変えることでナトリウムイオン（Na^+），カリウムイオン（K^+），アンモニウムイオン（NH_4^+）に選択的に応答するので，このガラス薄膜を利用することで所望のイオンセンサーを得られる。

ほかに，放線菌（*Streptomyces fluvissimus*）から得られる抗生物質であるバリノマイシンは**図2.13**(a)に示すように環状構造で36員環化合物で，外側は疎水性基で覆われているが，内側にはカルボニル基が並んでおり親水性である。またサイズもK^+に近いため，ここにK^+が近づくと，イオン－双極子相互作用によって選択的に結合する。同様に図(b)に示すノナクチンは，NH_4^+を選択的に捕獲する。このように特定のイオンのみと結合する化合物をイオノフォアと呼ぶ。

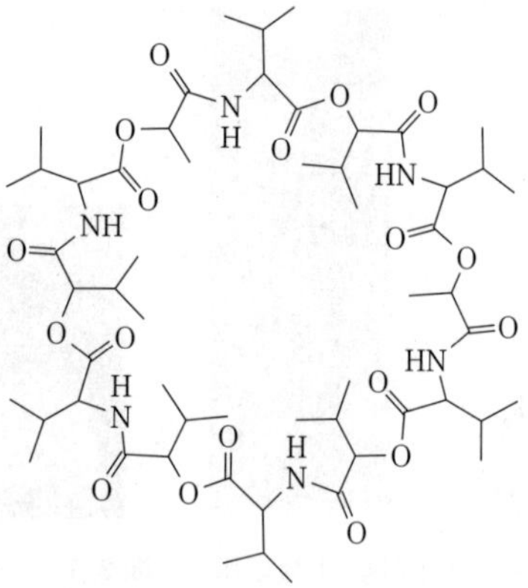

（a）バリノマイシン

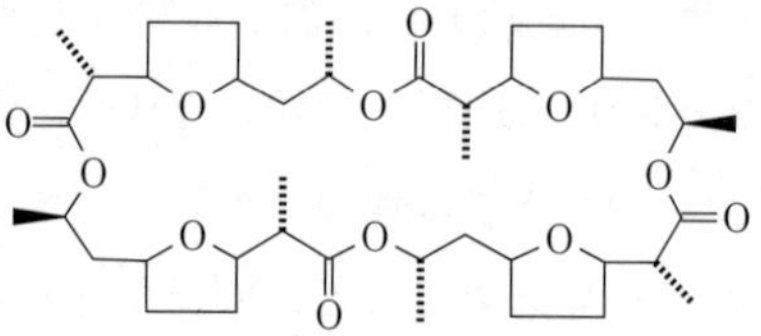

（b）ノナクチン 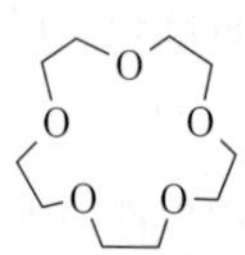　　（c）クラウンエーテル

図2.13　さまざまなイオノフォア

バリノマイシンは，生体物質であり，その優れた分子認識機能を利用するのでバイオセンサーである。しかし，多くのイオノフォアは人工的に合成されている。図(c)に示すクラウンエーテルがその例である。クラウンエーテルも環状構造をもち，その環状部とサイズが合うイオンに選択的に複合体形成する。

さまざまな環状サイズをもつ大きさのクラウンエーテルが合成されている。イオノフォアは低分子であり，このままでは使用できない。センサーとして利用するには，多孔質の高分子膜にしみ込ませて使用する。このようなイオン選択膜は，液膜と呼ばれる。

難溶性の塩からなる固体膜もイオン感応膜として利用できる。フッ化ランタン（LaF_3）はフッ素イオン（F^-），硫化銀（Ag_2S）は硫黄イオン（S^{2-}），に選択的に反応する。

2.6 ISFET

イオン感応電界効果トランジスタ（ion sensitive field effect transistor，略してISFET）は，電界効果トランジスタ（FET）を改良したデバイスである。FETについては付録で説明している。ISFETは，図2.14に示すように，FETのゲート電極をなくし，ゲート絶縁膜上に，さらにイオン感応膜を形成し，その部分を溶液に浸して使用する。1970年にP. Bergveldが最初に原理を考案した[†]。イオン感応膜の部分の電位がイオン濃度に依存して変化し，それをドレーン電流の変化として検出する。電位変化の機構は，式(2.6)と同様である。測定回路は，図2.15に示すようになる（エレクトロニクスの基礎，p.159参

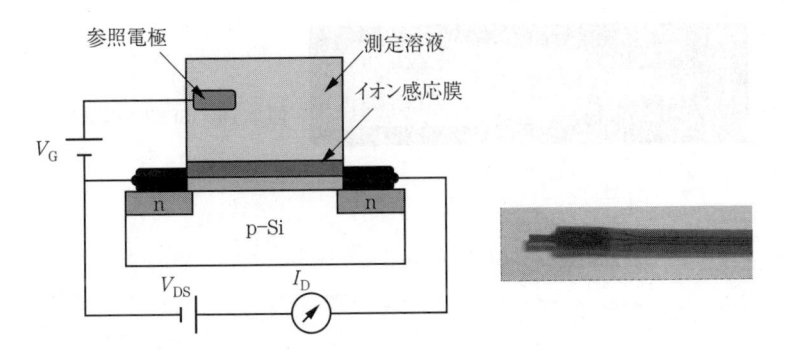

図 2.14 ISFETの構造と実物写真

[†] P. Bergveld：*IEEE Trans. Biomed. Eng.*, 17, 70（1970）

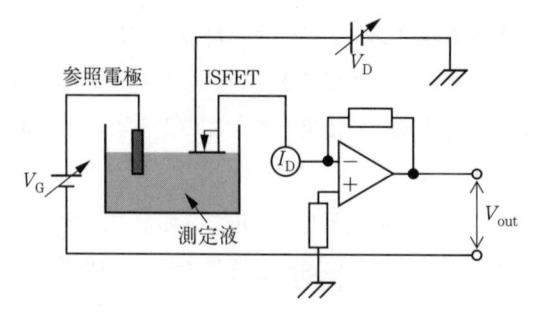

図 2.15 ISFETの測定回路

照)．FETと異なり，ISFETはセンシング部を溶液に浸す．ところが，シリコンやリード線は電気を通すので溶液中ではショートして信号を取り出せない．このため，センシング部以外は絶縁膜を施している．2.4節で述べたガラスpHセンサーは，高入力インピーダンスの回路が必要であったが，ISFETの場合，FET入力で高入力インピーダンスが実現できているので簡単な回路設計ですむ．また，半導体材料を用いているので，センシング部は微小である．そのため，図2.16に示すようにコンパクトで持ち運びが容易で，一滴量で測定できるセンサーが製品化されている．このことは，図2.12に示したガラスpHセンサーと比較すると明らかである．

イオン感応膜を換えたり，イオノフォアを利用したりすることでさまざまなISFET型イオンセンサーが実現できる．

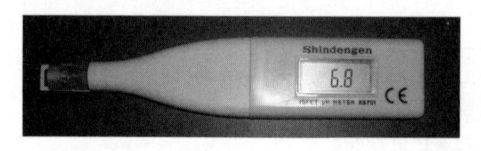

図 2.16 ISFETの実物写真

3 酵素センサーであるグルコースバイオセンサー

3.1 はじめに

　バイオセンサーを理解するためには，3章で述べるグルコースバイオセンサーを最初に理解することが近道である。グルコースバイオセンサーが理解できれば，バイオセンサーの半分は理解できたといっても過言ではない。3章で述べるグルコースバイオセンサーは，2章で述べた化学センサー（酸素電極）が基礎となり，これに酵素を組み合わせることでできた，最初のバイオセンサーでもある。

3.2 グルコース測定の必要性

　グルコースは，糖質の一種であり，糖質は炭水化物である。炭水化物はその名のとおり炭素に水がくっついた物質である。図3.1に示すように糖質には，たくさんの種類が存在するが，その中でグルコースは最も単純かつ代表的な糖質であり，$C_6H_{12}O_6$の化学式をもつ。グルコースは，血液や細胞の中に単体で存在し，細胞のエネルギー源になっている。グルコースは，図3.2に示すように呼吸代謝によってエネルギーを発生させる。呼吸代謝によるエネルギー（ATP）生産は，おもに細胞内小器官であるミトコンドリア内で行われる。図中の反応は，式(3.1)で示す化学反応にまとめられる。

$$C_6H_{12}O_6 + 6O_2 \longrightarrow 6CO_2 + 6H_2O + 688\,\text{kcal/mol}\,(38\,\text{ATP}) \quad (3.1)$$

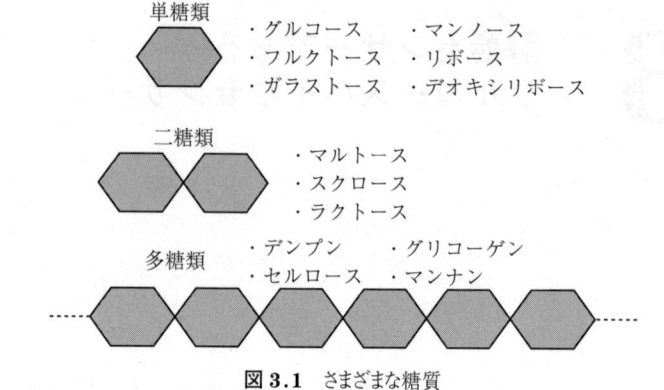

3. 酵素センサーであるグルコースバイオセンサー

```
単糖類    ・グルコース   ・マンノース
          ・フルクトース  ・リボース
          ・ガラストース  ・デオキシリボース

二糖類    ・マルトース
          ・スクロース
          ・ラクトース

多糖類    ・デンプン    ・グリコーゲン
          ・セルロース   ・マンナン
```

図 3.1 さまざまな糖質

```
┌─────────────────────────┐
│ グルコース              │
│  ↓                     │
│ グルコース 6-リン酸      │
│  ↓                     │
│ グリセルアルデヒド 3-リン酸│    解糖系
│  ↓                     │
│ ピルビン酸              │
└─────────────────────────┘
      ↓
   アセチル CoA
      ↓
┌─────────────────────────┐
│    クエン酸             │
│ オキサロ酢酸  ↓         │
│   ↑                    │
│                        │    クエン酸回路
│ リンゴ酸 → ケトグルタル酸│
└─────────────────────────┘
      ↓
┌─────────────────────────┐
│       e⁻               │
│ NADH →→→→ O₂           │    電子伝達系
│          H₂O           │
└─────────────────────────┘
```

図 3.2 グルコース(糖)代謝の全体像

 すなわち，グルコース1 mol（180 g）で688 kcalのエネルギーが生じる。正確には，1分子のグルコースで生物のエネルギーとなるアデノシン三リン酸 (adenosine triphosphate，略してATP) を38分子発生させる。ATPは不安定なリン酸結合をもち，これが壊れることでエネルギーが発生する（**図 3.3**）。

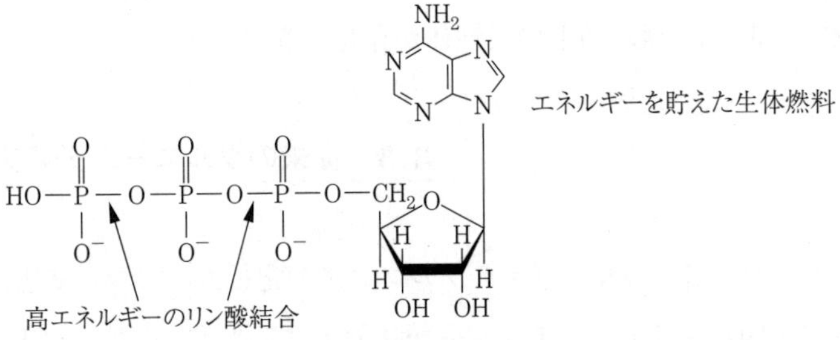

3.2 グルコース測定の必要性

エネルギーを貯えた生体燃料

高エネルギーのリン酸結合

図 3.3 ATP の分子構造

　グルコースは，生体内ではグリコーゲンに姿を変えて筋肉や肝臓に貯蔵されているが，血液中のグルコースが不足すれば，ただちにグルコースに変えてエネルギー源として利用される。血液中のグルコース量の調節については，4章で詳しく述べる。また，特に，脳では脳血液関門といって毛細血管から脳細胞に特定の分子しか通さない障壁があり，グルコースしか栄養源とならない。以上のことから，グルコースは生体内では重要な役割を果たしており，グルコースを測定することは非常に重要であることがわかる。

　グルコースの分子構造を**図 3.4**に示す。6個の炭素を区別するために番号で表示する。グルコースは不斉炭素をもっているのでD形，L形の鏡像異性体が区別されるが，天然に存在するのはD形である。そのことを区別するためにD-グルコースと呼ぶ。そして，水溶液中では直鎖状ではなく，六角形の環状

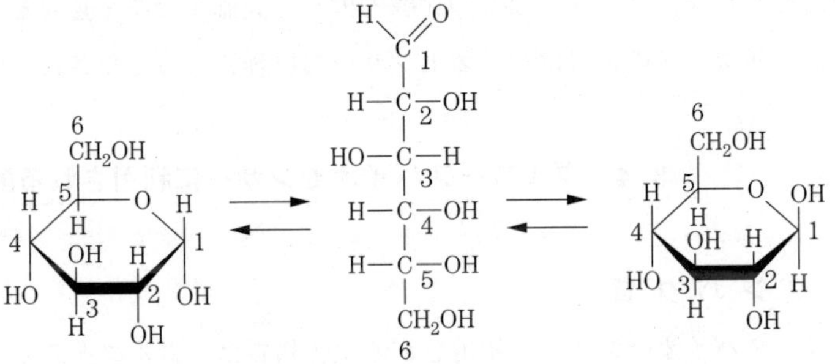

（a） α-D-グルコース　　（b） D-グルコース　　（c） β-D-グルコース

図 3.4 グルコースの分子構造

構造をとる。このとき，1の炭素に結合する水素（-H）と水酸基（-OH）の位置の違いにより，α形とβ形の異性体が存在する。

3.3 従来のグルコース分析方法

バイオセンサーによらない従来のグルコースの定量方法について述べる。グルコースは，図3.4に示したように直鎖状分子はアルデヒド基（-CHO）を有し，この還元力を利用する。塩基性において酸化銅と加熱すると式(3.2)の反応が起こる。

$$RCHO（グルコース）+ 2CuO \longrightarrow Cu_2O + RCOOH \qquad (3.2)$$

この反応で銅イオンは還元される。このとき生じたCu_2Oはヒモリブデン酸と反応して発色する。この発色の度合いからグルコース濃度を定量できる。このほかにもグルコースにあるアルデヒド基を利用したフェーリング反応によって定量する方法もある。

しかし，実際にグルコースを測定するときに測定試料にはグルコース以外の物質も数多く含まれている。血液中では赤血球があるため発色による定量はできない。さらに，式(3.2)の反応はグルコース以外でもアルデヒド基をもつ化合物（例えば，アセトアルデヒド）でも反応する。したがって，あらかじめ，測定の邪魔になる物質は取り除く必要がある。その取り除くための操作には，遠心分離やクロマトグラフィなどの比較的大きく高価な機器を必要とする。現在では，グルコースの定量はバイオセンサーの原理によってなされている。

3.4 グルコースバイオセンサーに利用される酵素

〔1〕タンパク質

グルコースバイオセンサーで使用される生体物質は，グルコースオキシダーゼという酵素である。酵素はタンパク質であるので，まずタンパク質について説明する。タンパク質は，アミノ酸がたくさんつながってできる高分子化合物

3.4 グルコースバイオセンサーに利用される酵素

である。アミノ酸の基本化学式は，**図3.5**に示すように，一つの分子内にアミノ基（$-NH_2$）とカルボキシル基（$-COOH$）をもつ。天然に存在するアミノ酸は，20種類である。つまり，図の置換基Rは20種類あるのである。タンパク質は，あるアミノ酸のアミノ基と他のアミノ酸のカルボキシル基との間で水分子が一つはずれて，ペプチド結合（またはアミド結合）によって多数つながってできる。タンパク質は，平均してアミノ酸が100個くらいつながってできる高分子化合物である。高分子化合物は，低分子化合物と違い多様で複雑な分子構造をもつ。生体機能をもつタンパク質は，アミノ酸の配列が決まっている。これを1次構造と呼ぶ。アミノ酸がつながった長いペプチド鎖は，そのまま長い直線状で存在するのではなく，部分的にある独特の構造をもつ。例えば，αヘリックスと呼ばれるらせん構造や，βシートと呼ばれる平面構造があり，これらを2次構造と呼ぶ。さらに巨視的にみると，**図3.6**に示すように長いペプチド鎖が折り畳まれて，それぞれのタンパク質に特別の構造をもつことにな

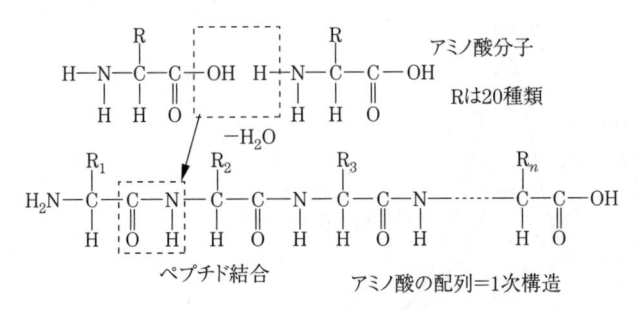

図3.5 アミノ酸とタンパク質の関係

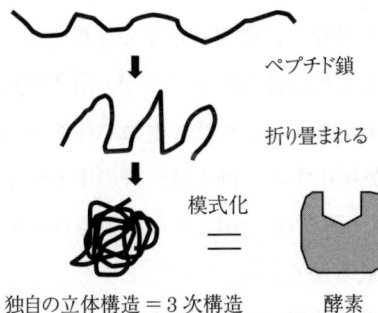

図3.6 タンパク質の特異的立体構造

る。これを3次構造と呼ぶ。

〔2〕 酵　　　素

　酵素作用は，穏和な条件下で特定の化学反応を促進させる作用である。生体分子を用いているので生体触媒とも呼ばれる。例えば，AからBに変化する化学反応を考える。この反応が酵素なしでは1 000年を費やすのに対し，酵素が存在すると1時間で終了する。これは，図3.7に示す自由エネルギーで説明できる。AからBへ反応が進む場合には，外からエネルギーを加えて高いエネルギーの山を越えなければならない。このエネルギーの山を活性化エネルギー（$\Delta G^{\neq}$）と呼ぶ。ところが，酵素が存在するとこの活性化エネルギーを下げることができ，その結果反応速度が上がる。これは，図では，$\Delta G^{\neq}$を小さくすることに対応し，AとBのエネルギー差であるΔG_0は変化させない。このことは，A→Bという反応を触媒する酵素は，Bの濃度を十分に高くすると逆にB→Aも触媒することを意味する。

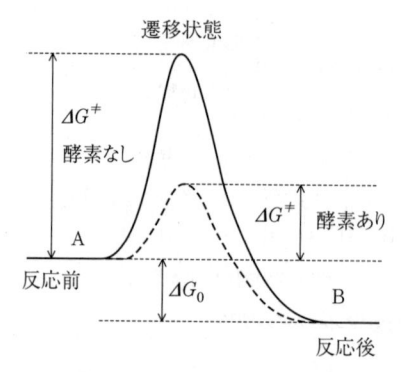

図3.7 酵素反応の自由エネルギー

　酵素作用の特徴は，通常の無機触媒と異なり，常温，常圧で作用する。そして，無機触媒は温度を上げれば上げるほど反応速度は上がるが，酵素の場合は最適な温度が存在し，通常は40℃程度である。これは，生物の体温に近い温度である。また，酵素には最適なpHが存在する。例えば，胃の中で分泌されるタンパク質を分解するペプシンという酵素は，pH2付近の強酸性で最も働く。トリプシンは，pH9の弱塩基性で最も働く。

　酵素の最も大きな特徴は，一つの酵素は特定の化学反応しか作用しないこと

3.4 グルコースバイオセンサーに利用される酵素

である。酵素が作用する化学物質を基質と呼ぶが，酵素と基質の関係は鍵と鍵穴の関係にあるといえる。その機構は，酵素がタンパク質であることで説明できる。**図3.8**に示すように，酵素は特異的な立体構造をもち，酵素作用を行うに当たって基質と結合する部分がある。これを活性中心と呼ぶ。この活性中心が基質とちょうど合うような構造をもっているためであり，それ以外の物質は活性中心にはまることができない。バイオセンサーは，まさにこの酵素の優れた分子識別力を利用している。

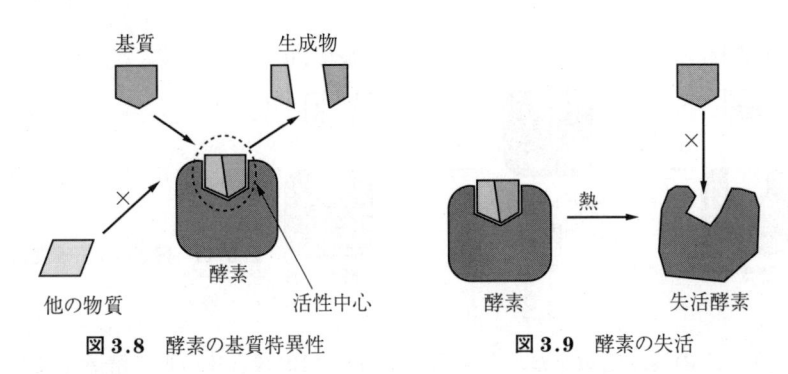

図3.8 酵素の基質特異性　　　　　図3.9 酵素の失活

　この立体構造は水素結合や疎水結合あるいはイオン結合などの比較的弱い結合で成り立っているため，熱の作用によって簡単に崩れてしまう。これを酵素の失活と呼ぶ（**図3.9**）。酵素が高い温度では働かないのはこのためである。また，pHによっても立体構造が変わるために酵素がよく働く最適なpHが存在するのである。

　失活した酵素は，触媒作用がない。また，ある化学物質を作用させると酵素の触媒能が落ちたり，失ったりする。この化学物質を酵素の阻害剤と呼ぶ。阻害剤は，活性中心に直接作用したり，活性中心以外の部位に作用したりするなど機構はさまざまである（**図3.10**）。阻害作用によって酵素を触媒する機構も生命は備えているので，酵素の阻害が生物に悪いとは一概にはいえない。

　では，酵素の反応速度を定量的に考える。酵素反応は，多くの場合，**図3.11**のような反応で進行すると考えてよいことが多い。酵素Eはまず基質Sと結合し，ES複合体を形成する。このとき，順方向の反応の速度定数をk_{+1},

図 3.10 酵素の阻害

図 3.11 酵素の反応速度論

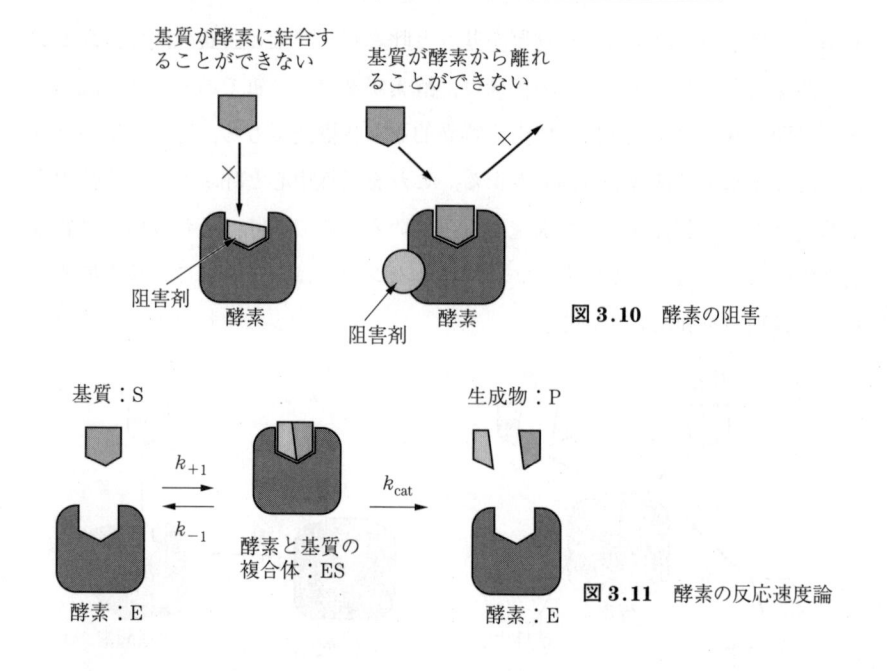

その逆反応の速度定数をk_{-1}とする。基質SはES複合体の形で酵素上で反応し、産物Pとなり、酵素Eから離れる。このときの速度定数をk_{cat}とする。この反応で、ES複合体ができるところは産物Pが生じる段階に比べると大変速い。言い換えると、k_{cat}の反応が最も遅いので酵素反応の速度はk_{cat}で決まる。このステップを律速段階と呼ぶ。この条件では、ES複合体の濃度は一定になっている状態が長く続くと考えてさしつかえない。つまり、この状態ではES複合体の形成速度と消滅速度の和が等しくなる。これは、式(3.3)のように表される。

$$k_{+1}[E][S] - k_{cat}[ES] - k_{-1}[ES] = 0 \tag{3.3}$$

全酵素濃度を$[E]_0$とするとつぎのような関係になる。

$$[E]_0 = [E] + [ES] \tag{3.4}$$

式(3.3)と式(3.4)から[E]を消去して

3.4 グルコースバイオセンサーに利用される酵素

$$[ES] = \frac{[E]_0[S]}{\frac{k_{cat}+k_{-1}}{k_{+1}}+[S]} \tag{3.5}$$

反応速度 $v = k_{cat}[ES]$ と書けるので

$$v = \frac{k_{cat}[E]_0[S]}{K_m+[S]} \tag{3.6}$$

$$K_m = \frac{k_{cat}+k_{-1}}{k_{+1}} \tag{3.7}$$

式(3.6)は，ミカエリス−メンテンの式と呼ばれ，K_m はミカエリス定数と呼ばれる。K_m は酵素と基質の親和度の指標として用いられる。式(3.6)からわかるように反応速度は基質濃度が高いほど速い。[S]が K_m よりずっと大きいと，図3.12に示すように v は最大速度 V_{max}（$=k_{cat}[E]_0$）に近づく。また，基質濃度[S]が K_m に等しいと

$$v = \frac{V_{max}}{2} \tag{3.8}$$

となる。つまり，[S]＝K_m のとき反応速度 v は最大速度の半分になる。k_{cat} は，ターンオーバ数と呼ばれ，一つの酵素が単位時間当り何分子の産物を生成するかを示す。通常は，$10^2 \sim 10^7 \text{s}^{-1}$ である。ウレアーゼという酵素の k_{cat} は 10^4 であり，これは酵素1分子が1秒間に10 000個の化学反応を触媒することを意味する。酵素センサーを設計する際にはこのような酵素の性質を知ることは重要である。

グルコースバイオセンサーで使用される酵素は，グルコースオキシダーゼ（グルコース酸化酵素）である。この酵素は，式(3.9)のように β-D-グルコ

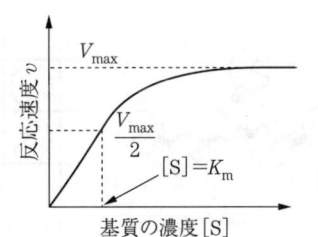

図3.12 酵素の反応速度と基質濃度の関係

ースの酸化反応を触媒する。

$$\text{グルコース} + \text{酸素} \xrightarrow{\text{グルコースオキシダーゼ}} \text{グルコン酸} + \text{過酸化水素} \qquad (3.9)$$

3.5 グルコースバイオセンサーに利用される信号変換素子

2章で述べた酸素センサー(電極)，または過酸化水素センサーが利用される。

3.6 酵素固定化技術

バイオセンサーは，分子識別素子（生体物質）と信号変換素子の組合せからなることはすでに述べた。酵素に代表する生体物質は，水溶液中で効力を発揮し，繰り返し使用は困難である。このため，水溶性の酵素を不溶化して信号変換素子に組み合わせる技術が必要であり，酵素固定化技術という。もともとは，生物機能を利用した有用物生産のためのバイオリアクタの技術であったが，バイオセンサーにも利用されている。

酵素の固定化は，不溶性の物質（担体）になんらかの方法で結合させて行うが，つぎのような方法がある（**図3.13**）。いずれの方法も一長一短であるので，目的に応じて使い分けることが必要であることはいうまでもない。

〔1〕 物 理 吸 着 法

物理吸着法を用いて吸着させる担体は，アルミナ，木炭，粘土，セルロース，シリカゲル，ガラス，コラーゲンなどが挙げられる。結合する原動力は，水素

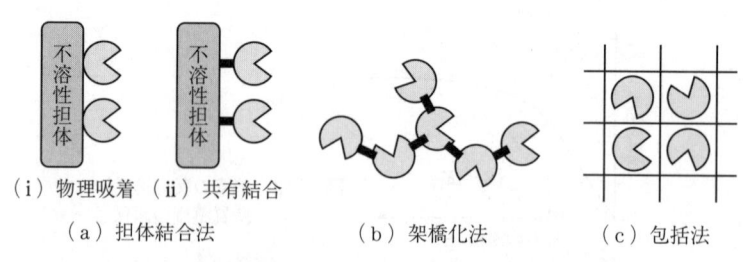

　　　（ⅰ）物理吸着　（ⅱ）共有結合
　　　　　（a）担体結合法　　　　　（b）架橋化法　　　　　（c）包括法

図 3.13 酵素固定化技術

結合，多価塩架橋，分子間力，静電気力，疎水性相互作用などが挙げられる。この方法は，簡単にできる反面，結合の大きさや量がpH，イオン強度，温度などに左右されやすい。また，結合力が弱いので徐々に脱離し，バイオセンサーとして利用する際に，センサー応答の低下を招く。

〔2〕 共 有 結 合 法

共有結合法とは担体に酵素と反応性の高い官能基を導入し，酵素と共有結合する方法である。酵素にはアミノ酸由来の側鎖の官能基が存在し，そのアミノ基，カルボキシル基，チオール基，水酸基，イミダゾール基などが利用される。図3.14に2価の架橋試薬であるグルタルアルデヒドを用いて，担体表面のアミノ基と酵素に存在するアミノ基の両者を架橋する固定化法を示す。この方法の利点は，安定に酵素を固定化できるので，センサーの繰り返し，長期利用には有利である。反面，官能基の存在が前提なので，適用範囲が狭く，操作も煩雑になりやすい。また，酵素の活性中心付近の官能基がつぶされた場合，酵素の基質特異性が変わったり，活性を失ったりする。

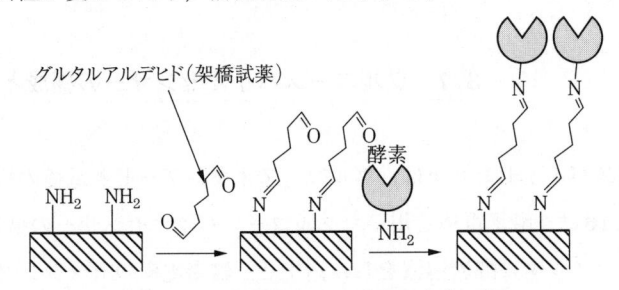

図3.14 共有結合による酵素固定化の例

〔3〕 架 橋 化 法

架橋化法とは酵素どうしを2価の架橋化試薬によって結合して不溶化させる方法である。酵素のアミノ基を利用して，グルタルアルデヒドがよく使用される。特徴は，〔2〕項の共有結合法と同じである。

〔4〕 包 括 法

包括法とは担体のマトリックス内に酵素を閉じ込める方法である。酵素は巨大分子であるので，ポリアクリルアミドゲル（**図3.15**）の3次元のマトリッ

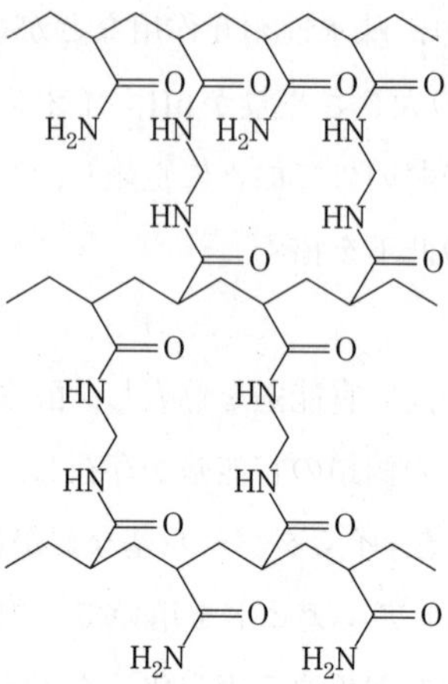

図 3.15 包括法に利用される
ポリアクリルアミドゲルの
構造

クスの中に閉じ込めることができる。どのような酵素にも適用できるのでより普遍的な方法である。しかし，基質（測定物質）が酵素の活性中心に近づくのに時間がかかり（拡散律速），センサーの応答時間が短くなる。また，トリプシンのような基質が高分子である酵素には適用できない。

3.7　グルコースバイオセンサーの構成と原理

　グルコースバイオセンサーは，グルコースオキシダーゼと電極の組合せからなる。**図3.16**は，酸素電極を用いたグルコースバイオセンサーの構造である。メンブランフィルタに酵素溶液をしみ込ませ，酸素電極のセンシング部に装着し，酵素が漏出しないようにナイロン膜で覆う。生体物質（酵素）を装着することにより，酸素センサー（化学センサー）がグルコースバイオセンサーに変わったことになる。これが世界で最初のバイオセンサーである。このバイオセンサーの概念は，1962年にL. C. Clarkらによって提案されて[†]，1967年にS.J. Updikeらによって具体的な形となって報告された[††]。**図3.17**に動作原理を説明する。グルコースオキシダーゼは式(3.9)のような反応を触媒する。このと

[†] 　L. C. Clark, C. Lyons and N. Y. Ann : *Acad. Sci.*, *102*, 29 （1962）
[††] 　S. J. Updike and G. P. Hicks : *Nature*, *214*, 986 （1967）

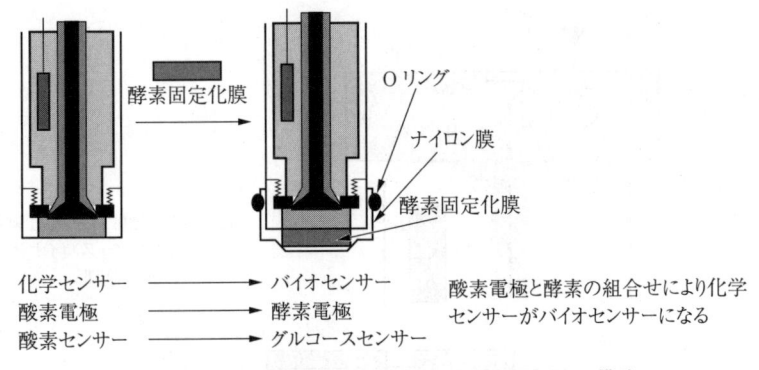

3.7 グルコースバイオセンサーの構成と原理

図 3.16 酸素溶液を用いたグルコースバイオセンサーの構造

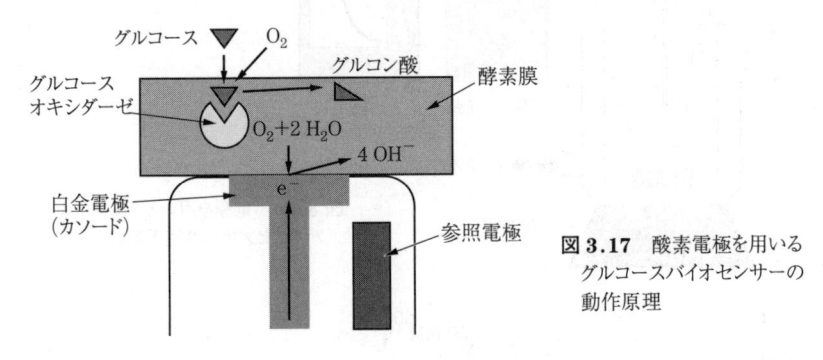

化学センサー → バイオセンサー
酸素電極 → 酵素電極
酸素センサー → グルコースセンサー

酸素電極と酵素の組合せにより化学センサーがバイオセンサーになる

図 3.17 酸素電極を用いるグルコースバイオセンサーの動作原理

き反応の前後で酸素が消費されることがわかる。グルコースの量が増えればそれだけ，酵素反応による酸素の消費量が多くなる。この酸素消費により，溶存酸素量が減少するので，それを酸素電極で測定することによりグルコース濃度が測定できる。

図 3.18 は，過酸化水素電極を用いたグルコースバイオセンサーである。構造は，酸素電極を用いた場合とまったく同じである。式(3.9)より，酵素反応により過酸化水素が生じる。したがって，過酸化水素の発生量を過酸化水素電極で測定することにより，グルコース濃度を測定することができる。

このセンサーの測定系は**図 3.19**のような形態が考えられる。測定溶液の温度を一定に保ち，攪拌することで反応系を均質にし，試料を滴下して電流を測定する。その場合に，センサーの時間特性は**図 3.20**のようになる。グルコースの滴下量に応じて電流値が増加する。この電流値の増加グルコース濃度をプ

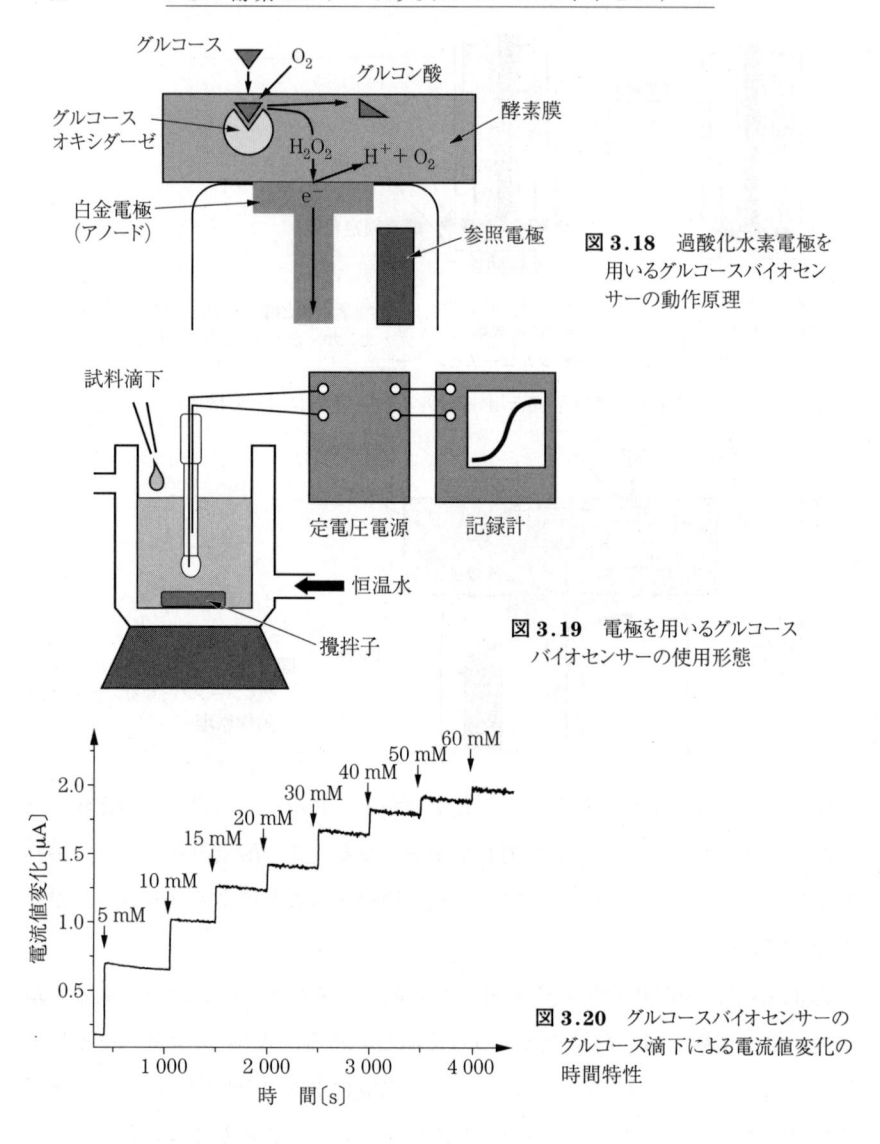

3. 酵素センサーであるグルコースバイオセンサー

図 3.18 過酸化水素電極を用いるグルコースバイオセンサーの動作原理

図 3.19 電極を用いるグルコースバイオセンサーの使用形態

図 3.20 グルコースバイオセンサーのグルコース滴下による電流値変化の時間特性

ロットすると**図3.21**のようになる。測定のばらつきがあり，また，高濃度になると電流値変化が飽和する。この原因は，酵素反応に必要な酸素が不足するためである。また，低濃度においてはベースラインの雑音と信号が同等になる濃度が検出限界になる。通常は，信号雑音（SN）比が3である。

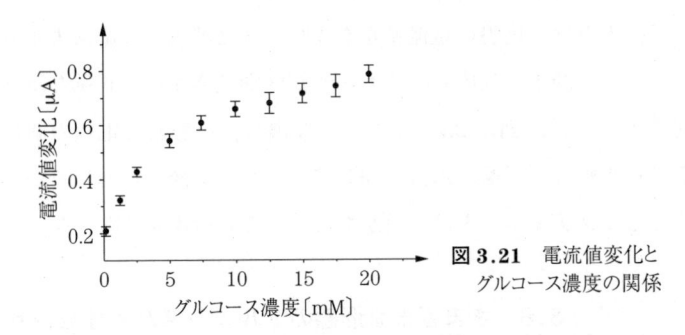

3.7 グルコースバイオセンサーの構成と原理

図 3.21 電流値変化とグルコース濃度の関係

酸素電極式の欠点は，センサーの応答が溶存酸素の濃度に依存しやすいため，信頼性のあるデータを得にくい。過酸化水素電極式では，溶存酸素の影響は少ないが，アスコルビン酸などの酸化物質の影響を受けやすい。アスコルビン酸はビタミンCの別名で，血液，細胞および食品の中に存在する化学物質である。アスコルビン酸は，過酸化水素と同様に**図3.22**に示すように電極と反応する。

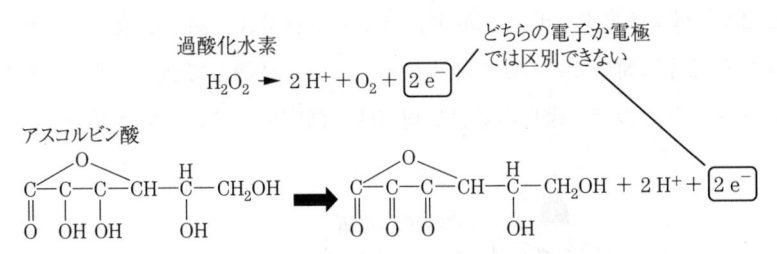

過酸化水素
$$H_2O_2 \rightarrow 2H^+ + O_2 + \boxed{2e^-}$$

どちらの電子か電極では区別できない

アスコルビン酸

図 3.22 アノード電極表面での過酸化水素とアスコルビン酸の反応

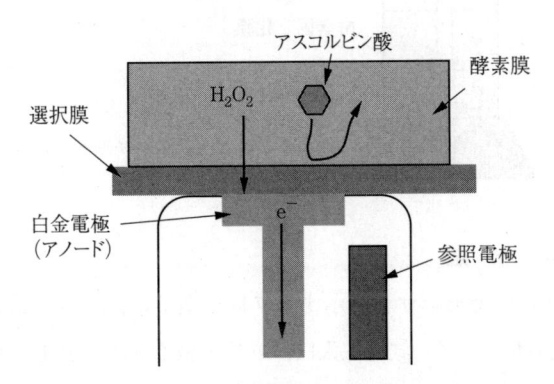

図 3.23 選択膜を利用して妨害物質の影響を除去する

したがって，センサー応答の電流値がグルコースと酵素の反応によるものなのか，アスコルビン酸との反応によるものかが区別できずに，正確な測定ができない。対策としては，**図3.23**に示すような選択膜を酵素と電極の間に装着される。この選択膜は，過酸化水素を通しアスコルビン酸は通しにくい。このほかの対策としてメディエータの使用があるが，これは4章で述べる。

3.8 さまざまな形態のグルコースバイオセンサー

3.7節でグルコースバイオセンサーの基本構造について説明した。実際に現場で使用するに当り，バイオセンサーはさまざまな形態がある。

〔1〕 バッチ型

測定溶液に直接センサーヘッドを浸して測定を行う方式をバッチ型と呼ぶ。**図3.24**にバッチ型センサーを示す。バッチ型の場合，測定溶液にセンサーを浸すなど操作は簡単であるが，測定後センサーを洗浄して別の溶液を用意しなければならないので，複数の試料を短時間で測定するには不向きである。

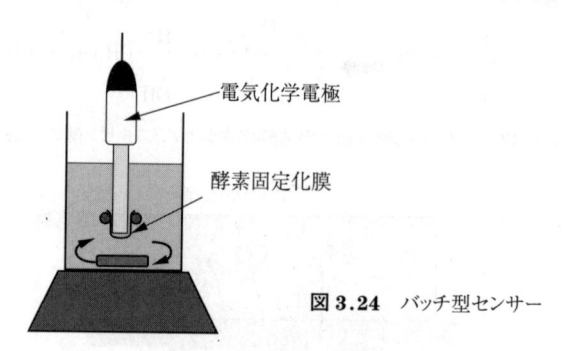

図3.24 バッチ型センサー

〔2〕 フロー型

図3.25にフロー型センサーを示す。フロー型では，フロー系を作るのにペリスタポンプ，チューブ，試料注入口，フロー液などを用意しなければならない。さらに，フロー液の流速，組成，測定アルゴリズムなどを最適化しなければならない。このように，測定系の作製は面倒であるが，いったんできると多

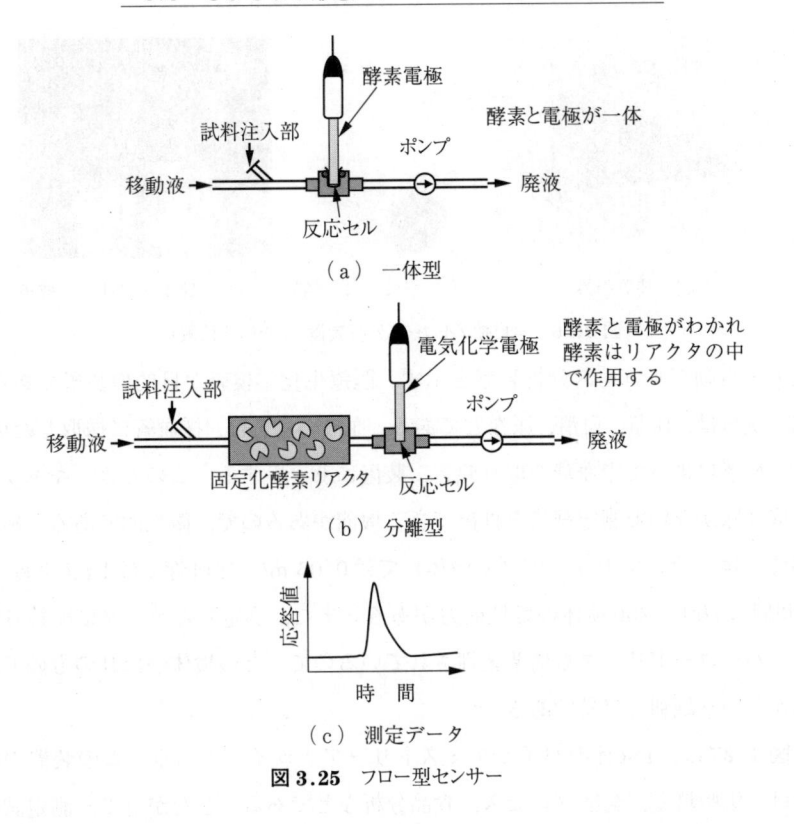

3.8 さまざまな形態のグルコースバイオセンサー

図 3.25 フロー型センサー
(a) 一体型
(b) 分離型
(c) 測定データ

くの試料を短時間で測定できる。また，測定試料の注入を自動化すれば連続測定も可能である。

　また，フロー型センサーの中に酵素と信号変換素子を分離している方式がある。酵素の反応容器の名前から，リアクタ型センサーと呼ぶ。この方法の利点は，酵素が活性を失ってセンサー特性が悪くなったとき，リアクタを交換するだけで測定系が使用できる点である。バイオセンサーに共通する問題点として，生体物質の不安定さにある。生物は「なまもの」であるので，電気機器と異なり壊れやすい。バイオセンサーを開発するに当って最も考慮しなければならない点である。

　このような，フロー型の酸素電極や過酸化水素電極グルコースバイオセンサーは，すでに数社の会社から製品販売されている。**図3.26**には，シノテスト

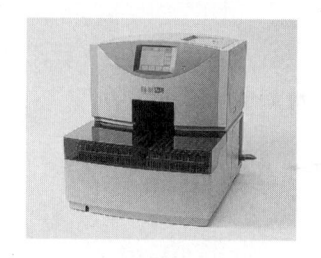

(a) 装置の外観　　　(b) センシング部　(c) 自動サンプリング機構

図3.26 全自動グルコース分析装置(シノテスト社製)

社の全自動グルコース分析装置を示す。医療生化学検査が目的の装置である。測定試料は，血漿，血清，尿などである。血液の場合は，採血管に採取した後，遠心分離によって赤血球を取り除き，装置にセットする。このとき，キャップを取り除かないで測定試料を抽出できる機能があるので，衛生的である。検体必要量は，サンプルカップ（尿検体）では 0.05 ml，採血管では 1 ml である。1時間に 160～200 検体の処理能力がある。また，測定したデータは記憶される。バーコードリーダも標準装備されているので，どの検体がだれのものであるかという識別も容易である。

図 **3.27** は，YSI 社のバイオケミストリーアナライザである。この装置の用途は，細胞培養，発酵プロセス，食品分析などである。したがって，測定試料は，発酵溶液，細胞培養用培地，生体試料，清涼飲料水，牛乳などで，ほとんど前処理なしで測定できる。固形の試料は，溶解し懸濁状態で測定する。サンプルの吸引量は，5～65 µl である。必要最小限のサンプルしか必要としない。

(a) 装置の外観　　　　　(b) センシング部

図3.27 バイオケミストリーアナライザ(YSI 社製)

3.8 さまざまな形態のグルコースバイオセンサー

測定は，全自動でプログラムにより，測定間隔，条件などを自由に制御できる。また，発酵プロセスでは，コンタミネーションを避けるために無菌状態で生物培養槽から直接サンプリングが可能であり，そのシステムの部品はすべて殺菌（オートクレーブ）できる。グルコースのほかにも，ラクテート，グルタミン，グルタミン酸，スクロース，エタノール，メタノールなども同時に測定できる。これらの物質もすべて酵素センサーの原理によって検出している。詳しくは，5章で述べる。

〔3〕使い捨て型

血液中のグルコースを測定したい場合，血液をセンシング部に付着させる。血液は，さまざまな病原菌が存在し，感染のおそれもあるため，取り扱いには注意が必要である。このため，一度血液を付着させたチップは，洗浄して再使用することはできず，使い捨てにすることが望ましい。使い捨て型センサーの形態は，**図3.28**に示すように，センサーチップに血液を付着させ，測定機器に挿入すると測定値が表示される。その後，チップは取り除き捨てることになる。再び測定するときには，新たな別のチップを使用する。この使い捨てチップは，安価でなければならない。この型のセンサーについては，4章で詳しく説明する。

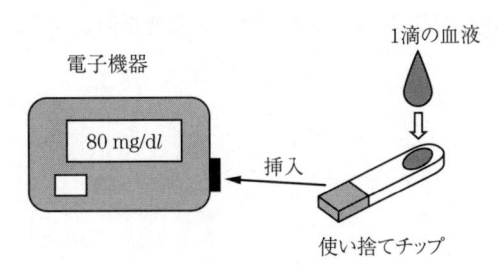

図3.28 使い捨て型センサー

〔4〕微小型

微小型センサーは，センシング部分がきわめて小さいセンサーであり，特に生体内の化学物質を直接測定（*in vivo* という）するという目的で開発されている。**図3.29**に微小型センサーの構造図と実物写真を示す。このセンサーは

3. 酵素センサーであるグルコースバイオセンサー

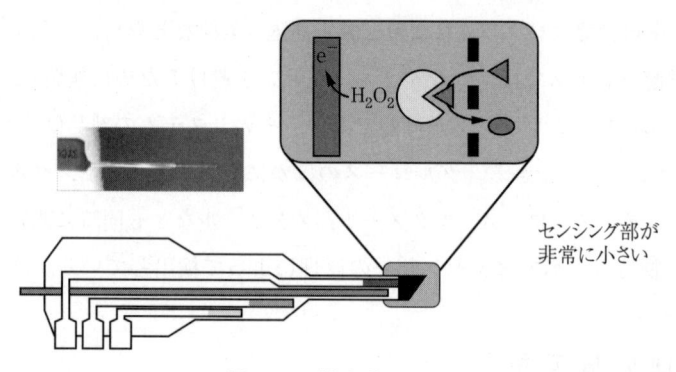

図 3.29 微小型センサー

直径0.1mm程度の金属ワイヤ3本を一つのユニットにまとめている。3本の電極はそれぞれ，作用電極，カウンタ電極，参照電極である。作用電極は，白金であり，この電極近くに酵素が固定化される。カウンタ電極は銀，参照電極は銀/塩化銀であり，両方とも酵素固定化膜とは離れており，電気化学的に導通状態は保たれている。酵素は，微小のチューブから酵素溶液として挿入され，その外側を透析膜で覆う。酵素は高分子であるので透析膜から漏れ出ることなく，基質のみが透析膜を通過して酵素反応を起こす。作用電極は，裸では生体成分で電気化学反応を起こす化学物質に応答するので，保護膜が形成されている。このセンサーによって，連続で微小部分のグルコース濃度を測定することができる。

4 糖尿病とグルコースバイオセンサー

4.1 はじめに

3章では,酸素電極を使用したグルコースバイオセンサーについて述べた。4章では糖尿病と関係の深いグルコースバイオセンサーについて述べる。このセンサーは,医療現場で使用されている。このセンサーの特徴は,使い捨てチップであることやメディエータを使用していることにある。

4.2 糖尿病

糖尿病は,現代人のだれでもかかる可能性があり,生活習慣病とも呼ばれる。糖尿病は,一言でいうと体内の血糖値(グルコース濃度)を調節できなくなる病気である。日本では,糖尿病と強く疑われる人は690万人,糖尿病の可能性を否定できない人を合わせると1 370万人である[†]。糖尿病は,病気の一形態にすぎず,恐ろしいのはこの病気によって引き起こされる3大合併症,網膜症,腎症,神経障害,である。高い血糖値状態であると血液の粘性が高くなり,血管内に不要物質が蓄積し,血管がかたくもろくなる。毛細血管が集中する眼や腎臓は特にダメージを受けるために,これらの3大合併症が起こりやすい。その結果,失明,脳卒中,心筋梗塞(こうそく),両下肢神経症,知覚障害などが引き起こされる。このように糖尿病は,非常に恐ろしい病気であることがわかる。

[†] 平成9年旧厚生省(現 厚生労働省)糖尿病実態調査より。

図4.1に，1日の血糖値の変化を示す。血糖値の単位は，1 dℓ中のグルコースの質量（mg単位），すなわちmg/dℓで表される。血糖値が170を超えると尿に糖が検出され，これが糖尿病の名前の由来になっている。血糖値は，食事をした1時間後が最も高くそれから徐々に下がり，空腹時には最低値になる。健康な人の血糖値は170を超えることはない。軽度の糖尿病の人は，ときどき血糖値が170を超える。そして，重度の糖尿病の人はつねに200以上の非常に危険な状態にある。

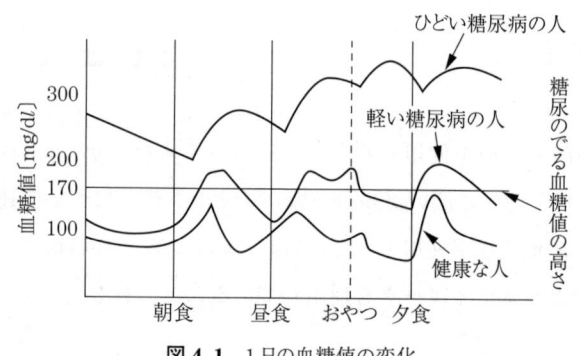

図4.1 1日の血糖値の変化

では，血糖値はどのように調節されているかを説明する。図4.2に血糖値の調整のしくみを示す。

低血糖の場合，血液が間脳の視床下部にある血糖調節中枢に流入すると，この中枢から交感神経や脳下垂体に指令を出す。それにより，副腎髄質，脳下垂体前葉，甲状腺からそれぞれ，アドレナリン，成長ホルモン，チロキシンが分泌される。また，低血糖の血液や交感神経の刺激により，膵臓のランゲルハンス島A細胞からはグルカゴンが分泌される。アドレナリン，グルカゴン，成長ホルモンは，肝臓などのグリコーゲンの分解を促すので血糖が増える。また，副腎皮質ホルモンの一種である糖質コルチノイドは，タンパク質からグルコースへの変化を促すので血糖値は増加する。なお，グルカゴンによる血糖値上昇は化学増幅を伴うものであり，11章でそのしくみを詳しく説明する。このように，低血糖は生命の危険に直接つながるので，何重もの安全を保障するしく

4.2 糖尿病

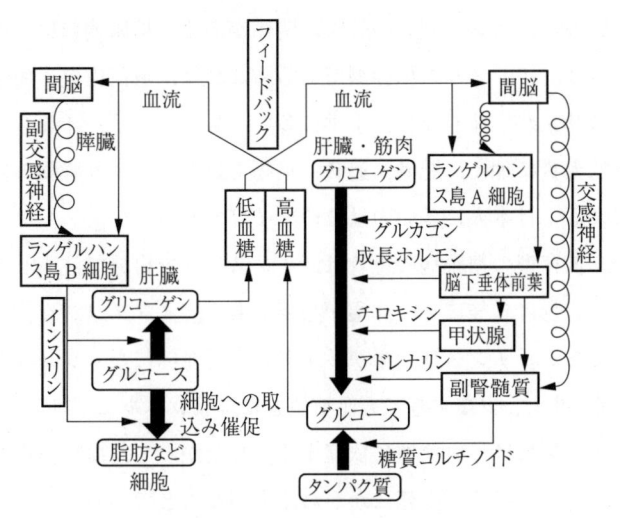

図 4.2 血糖値の調整のしくみ

みが作られている。

　高血糖の場合，血液が間脳を刺激すると，副交感神経を経て，または，血液の血糖濃度が直接刺激となり，膵臓のランゲルハンス島B細胞からインスリンが分泌される。インスリンは各細胞でのグルコースの消費を促し，また，肝臓からのグリコーゲン合成を促すので血糖は減少する。**図4.3**は，血糖値と血中のインスリン量の変化である。これより，インスリンは血糖値を下げる役割を果たすことがわかる。

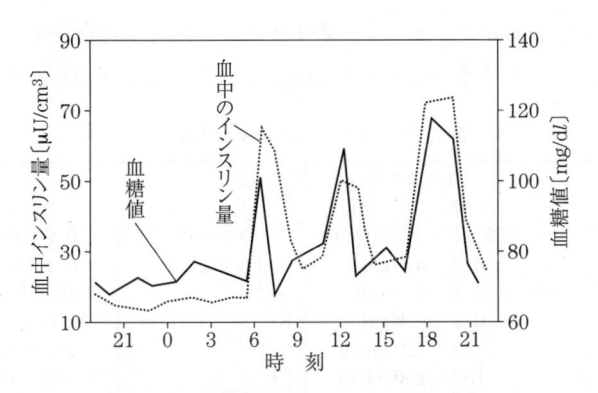

図 4.3 血糖値と血中のインスリン量の変化

糖尿病の原因は、インスリンの分泌に関係がある。糖尿病には二つのタイプがあり、一つは、インスリン依存型である。これは、遺伝素質、免疫異常で膵臓からインスリンが出なくなり、子供に多い。もう一つは、インスリン非依存型で、遺伝的素質に加え、肥満、過食、運動不足などにより膵臓の働きが鈍くなることによる。日本人に多いのはこのタイプである。

インスリン依存型の糖尿病の患者は、インスリンを自分で注入して血糖値を調節している。特に食後にその作業が必要である。インスリンを注入する量はとても重要である。インスリン量が多すぎると低血糖になりショック状態になり危険である。また、少なすぎても血糖値を安全なレベルに下げることがない。適量なインスリン量は、血糖値に依存する。したがって、血糖値を測定することは糖尿病患者にとっては生死にかかわる大切なことである。

1986年よりインスリン自己注射を行っている患者は血糖自己測定が保険適用になった。また、インスリン非依存型の患者であっても主体的に血糖値管理に臨むことは重要である。このような背景からも、血糖値測定用のグルコースバイオセンサーは必需品となっている。

4.3 血糖値測定用バイオセンサーの必要条件

実際に血液中のグルコースを測定しようとする場合に困難な点は、血液中にはさまざまな化学成分が存在する。**表4.1**には、血清中に存在するおもな成分である。グルコース以外にさまざまな成分が存在することがわかる。血液の赤

表4.1 血清中に存在するおもな成分

赤血球	5×10^6 個/mm^3	尿　素	$7 \sim 15$ mg/dl
白血球	$5 \sim 8 \times 10^3$ 個/mm^3	尿　酸	$3 \sim 7.5$ mg/dl
血小板	$2.5 \sim 5 \times 10^5$ 個/mm^3	クレアチニン	$0.2 \sim 0.5$ mg/dl
アルブミン	$3.5 \sim 5.3$ g/dl	ビリルビン	$0.1 \sim 0.4$ mg/dl
グロブリン	$2.1 \sim 3.3$ g/dl	Na$^+$	$1.36 \sim 1.42$ mmol/l
フィブリノーゲン	$0.2 \sim 0.4$ g/dl	K$^+$	$3.5 \sim 5.0$ mmol/l
グルコース	$70 \sim 120$ mg/dl	Ca^{2+}	$2.1 \sim 2.6$ mmol/l
コレステロール	$150 \sim 250$ mg/dl	Cl$^-$	$95 \sim 105$ mmol/l

い色の原因である赤血球は色を比較する測定には邪魔である。また，1回の測定で採取する血液量は少ないことが望ましい。また，血糖値の管理は特に食後が重要であるので，1日最低3回は測定する必要があり，測定も簡便に短時間で終わらせたい。

以上のような要件を踏まえると血糖値測定用のグルコースバイオセンサーの基本構成は**図4.4**になる。センサーチップに1滴の血液を付着させ，これを小型電子機器に接続し，1分以内に血糖値が表示される。血液は，化学成分や菌などが存在するために血液が付着したセンサーチップを再利用することは好ましくない。すなわち，センサーチップは，使い捨てである。この使い捨てチップは，安価に供給されなければならない。また，採血する量は，少ないほうが好ましい。

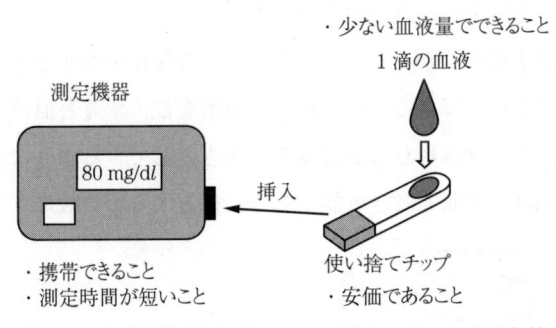

図4.4 血糖値測定用のグルコースバイオセンサーの必要条件

4.4　メディエータ使い捨てグルコースバイオセンサー

血糖値測定用の使い捨てグルコースバイオセンサーは，MEDISENSE社やアークレイ社によって製品化されている。**図4.5**は，アークレイ社のグルコースバイオセンサーである。測定器は，50×80×5 mm程度の携帯できる大きさであり，一般的な電子回路で設計されている。チップを保持する部位，グルコース濃度に応じて生じた電流を電圧に変換する変換回路，得られた電圧をディジタル値に変換するA-D変換器，測定値を記録するメモリからなる。低電力，

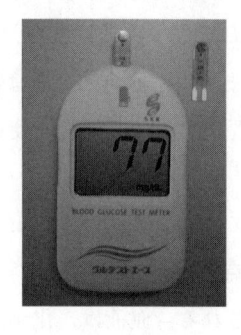

図 4.5 メディエータ使い捨てグルコースバイオセンサー（アークレイ社製）

携帯サイズにするためこれらの電子回路は1チップマイクロコンピュータで構成されている。

図4.6にセンサーチップの構造を示す。プラスチック基板上に電極パターンを形成する。電極の材料は，カーボンか銀ペーストでスクリーン印刷で作製される。つぎに，電極上に酵素をマトリックス（セルロースなど）と混ぜて塗布している。採取する血液が少なくてすむように電極反応を小さくし，毛細管現象によって血液を注入できる。いったん，血液を注入すると血液が逆流できないようにして，チップは用意に測定器から抜き差しできるようにしている。この製品では，5 μl の血液で測定可能であり，採血する際に蚊にさされた程度の

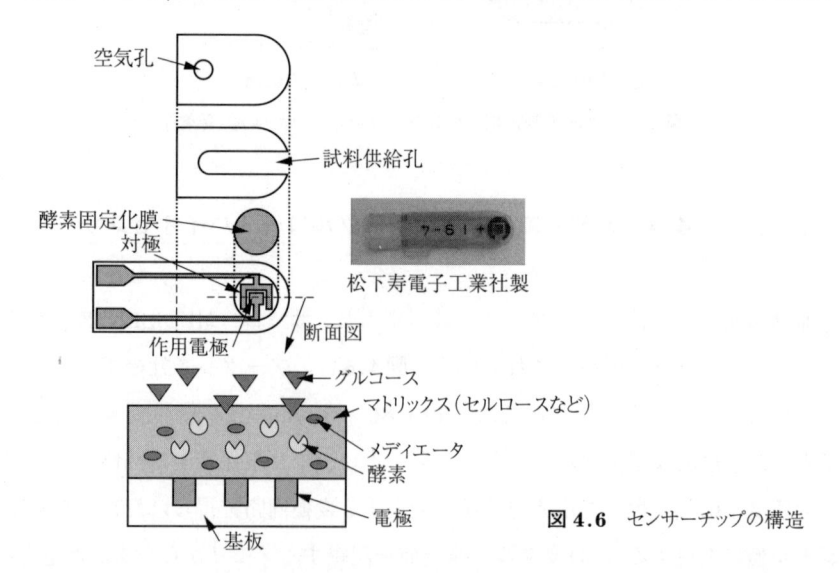

図 4.6 センサーチップの構造

痛みのひとさしで測定するために十分な血液量を得ることができる。

　このセンサーの測定原理は，メディエータを使用している点である。3章で採り上げたグルコースバイオセンサーは，酵素反応によって増減する酸素または過酸化水素の量を電極で検出した。これに対し，メディエータ型のバイオセンサーは，酵素反応によって生じる電子を直接電極で検出する（**図4.7**）。グルコースオキシダーゼの活性中心にFAD（flavin-adenine dinucleotide）という補酵素が存在し，このFADが酸化還元されることで電子の移動が起こる。しかし，FADは巨大な分子の内部に埋もれているためにFADから直接電極に電子を受け渡すことができない。そのために，メディエータを利用することによって電極への電子伝達を可能にしている。

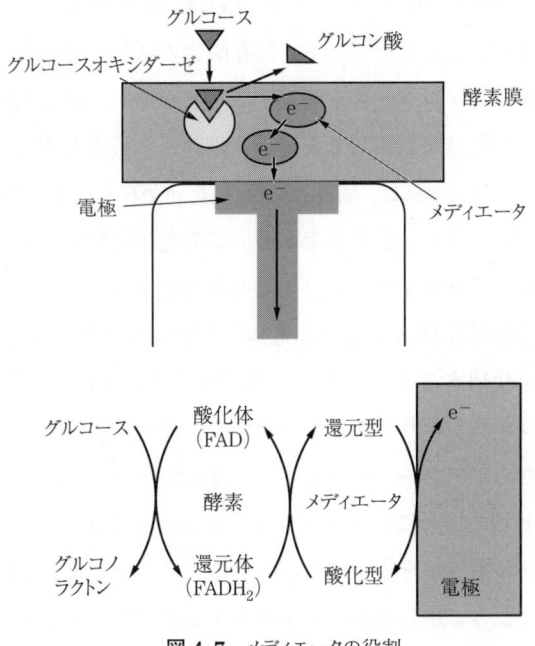

図4.7　メディエータの役割

　図4.8に代表的なメディエータの化学式を示す。メディエータになるための条件は，酸化状態と還元状態が安定なことである。例えば，フェロセンの場合鉄原子の3価（Fe^{3+}）と2価（Fe^{2+}）のそれぞれが酸化還元状態になる。

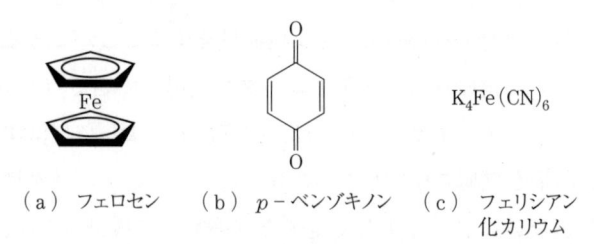

(a) フェロセン　(b) p-ベンゾキノン　(c) フェリシアン化カリウム

図4.8 代表的なメディエータの化学式

メディエータを使用する利点は，酵素反応に酸素が必要でない。グルコースオキシダーゼの場合には

グルコース＋メディエータ(酸化)
$$\longrightarrow \text{グルコン酸} + \text{メディエータ(還元)} \quad (4.1)$$

$$\text{メディエータ(還元)} \longrightarrow \text{グルコン酸(酸化)} + \text{電子} \quad (4.2)$$

のような反応式になる。したがって，溶存酸素の影響を受けない。特に，糖尿病患者は，高濃度のグルコースを測定する必要があり，酵素反応に必要な酸素量が不足すると電流値が飽和して正確なグルコース濃度を測定できない。

このほかには，血液中には，電極反応する成分が存在する。アスコルビン酸，尿酸，アセトアミノフェンがそうである。この電極活物質の存在によっても電流値が増加するので正確なグルコース濃度を測定することはできない。この対策として，妨害物質を除去する膜を電極上に使用することは3章でも述べた。メディエータを使用することでさらに妨害物質の影響を抑えることができる。その理由は，つぎのとおりである。すなわち，過酸化水素電極では，過酸化水素を検出するためにアノードを＋0.6Vに設定する。これに対し，多くのメディエータを使用した場合にはアノードを＋0.3〜＋0.4Vでよい。より低い電位で検出に十分な電流値を得ることができる。アノード電位が低いと電極活物質と電極反応によって生じる電流を少なくすることができるので正確な血糖値を測定することができる。

4.5 光検出使い捨てグルコースバイオセンサー

テルモ社製のグルコースバイオセンサーは，色変化を検出する方式である。**図4.9**に測定器を示す。測定チップに血液を1滴挿入すると，これまでのグルコースバイオセンサーと同様に式(3.3)のような酵素反応が起こる。このとき発生した過酸化水素と色源体がペルオキシダーゼを触媒として，赤紫色になる。この色の度合いをグルコース濃度に換算できる（**図4.10**）。試験紙は，グルコースオキシダーゼとペルオキシダーゼの2種類の酵素が入っていて，2段階の反応が起こることになる。測定器本体からは約1秒間隔で発光ダイオードによる光が照射され，血液吸引を自動的に感知し，測定の開始を行う。測定器は測定開始から一定時間の色変化を読み取り，血糖値として表示する。装置は，150回分の日時と検査値が記録できる。

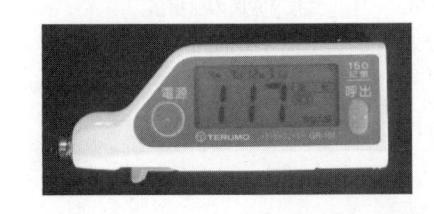

図4.9 光検出使い捨てグルコースバイオセンサー（テルモ社製）

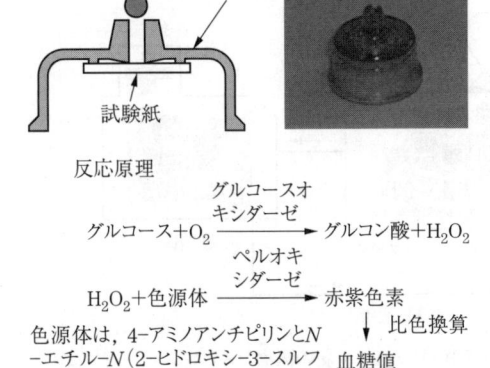

反応原理

$$グルコース + O_2 \xrightarrow{グルコースオキシダーゼ} グルコン酸 + H_2O_2$$

$$H_2O_2 + 色源体 \xrightarrow{ペルオキシダーゼ} 赤紫色素$$

↓ 比色換算

血糖値

色源体は，4-アミノアンチピリンとN-エチル-N(2-ヒドロキシ-3-スルフォプロピル)-m-トルイジンの混合物

図4.10 光検出式使い捨てグルコースバイオセンサーのセンシングチップの構造と原理

4.6 バイオセンサーの意義

　このセンサーの意義は，糖尿病患者にとっては血糖値測定の苦痛から解放することができたことである。このセンサーは安価に入手して，だれでも簡単に使用できるようになったので，万人の健康管理にも役立つようになる。糖尿病気味になったときや，食後に血糖値が高くなった場合には，カロリーの制限を行ったり，運動を心がけたりして，自分自身で健康管理できるようになる。血糖値管理の目標値は，**表4.2**のように定められている。

　21世紀の医療は，予防と在宅であり，このようなセンサーの果たす役割は大きくなる。例えば，**図4.11**のようなシステムが考えられる。尿中の成分で

表4.2 血糖値管理の目標値〔日本糖尿病学会 糖尿病治療ガイド2000より〕

評価	空腹時の血糖値	食後2時間の血糖値
優	100 mg/dl 未満	120 mg/dl 未満
良	100〜119 mg/dl	120〜169 mg/dl
可	120〜139 mg/dl	170〜199 mg/dl
不可	140 mg/dl 以上	200 mg/dl 以上

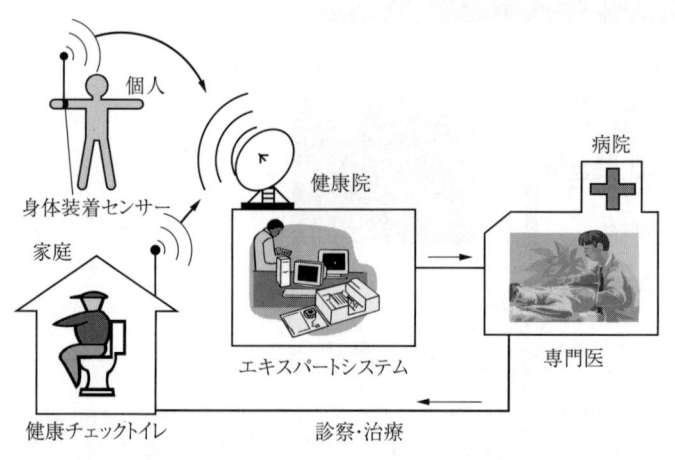

図4.11 バイオセンサーを利用した21世紀の医療システム

4.6 バイオセンサーの意義

あるタンパク質，グルコース，尿素，尿酸，ウロビリノーゲン，ビリルビンなど酵素センサー（5章参照）で測定可能である。これらの情報からは，肝臓，腎臓あるいは消化器系の疾患を早期に発見できる。これらのセンサーをトイレに設置し，これを健康院と呼ばれるコンピュータ中心の施設に送信記録し，つねに健康状態をモニタできる。異常があった場合には，病院にその情報を送信し，医師の指示を携帯テレビ電話などで受けることもできる。また，センサーを腕時計のように身体に装着したり，埋め込んだりすることにより，いつでもどこでも健康状態をチェックできる。例えば，身体から出る汗には乳酸が含まれており，その濃度は疲労度に比例して増加する。乳酸の濃度は，乳酸オキシダーゼと電極を組み合わせたセンサー（5章参照）で計測することができる。これを測ることによって，疲労をある程度計測することができる。このセンサーを腕時計に装着して汗の中の成分を測定し，その結果を無線によって分析器に送信するシステムは容易に実現可能であろう。国や自治体の財政の多くは，医療に費やされるが個人で健康管理し，病院に通う回数が少なくなれば，それだけ財政負担を軽減できる。

5 さまざまな酵素センサー

5.1 はじめに

3,4章では最も代表的な酵素センサーであるグルコースバイオセンサーについて述べた。1章で述べたように,バイオセンサーは,分子識別素子と信号変換素子の組合せからなる。3章で述べたグルコースバイオセンサーは分子識別素子として酵素であるグルコースオキシダーゼ,信号変換素子には酸素電極を用いた。酵素は,さまざまな種類のものが存在するのでこれらの酵素を使用することによりさまざまな酵素センサーを作製できる。また分子識別素子を換えることによってもさまざまな種類の酵素センサーを作製できる。

5.2 酵素を換える

5.2節ではさまざまな種類の酵素を利用することで実現できるさまざまな酵素センサーについて述べる。

〔1〕アンペロメトリック(電流検出)バイオセンサー

図5.1にさまざまなオキシダーゼ(酸化酵素)の化学反応式を示す。すべてに共通することは,酵素反応の前後で,酸素が減少し過酸化水素が発生する。したがって,グルコースバイオセンサーと同様に酸素電極や過酸化水素電極を用いて酵素センサーが得られる。例えば,アルコールオキシダーゼを用いるとアルコールバイオセンサーを作製できる。乳酸オキシダーゼを用いると乳酸セ

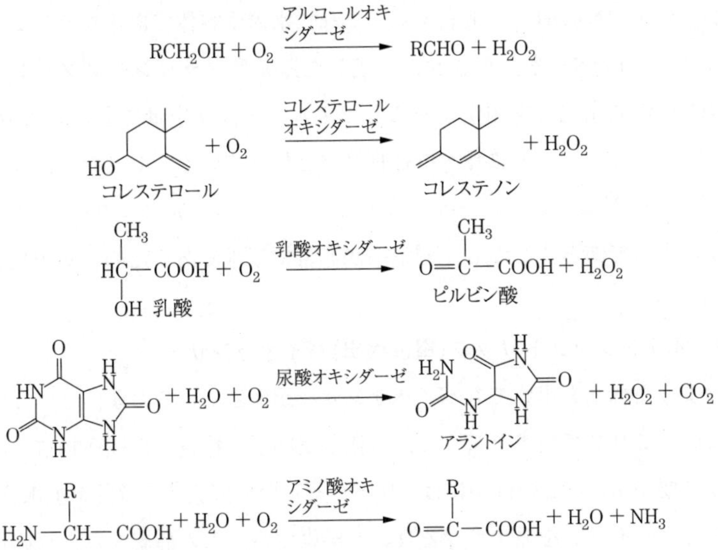

5.2 酵素を換える

$$RCH_2OH + O_2 \xrightarrow{\text{アルコールオキシダーゼ}} RCHO + H_2O_2$$

コレステロール + O_2 $\xrightarrow{\text{コレステロールオキシダーゼ}}$ コレステノン + H_2O_2

乳酸 + O_2 $\xrightarrow{\text{乳酸オキシダーゼ}}$ ピルビン酸 + H_2O_2

尿酸 + $H_2O + O_2$ $\xrightarrow{\text{尿酸オキシダーゼ}}$ アラントイン + $H_2O_2 + CO_2$

$H_2N-\underset{R}{C}H-COOH + H_2O + O_2 \xrightarrow{\text{アミノ酸オキシダーゼ}} O=\underset{R}{C}-COOH + H_2O + NH_3$

図 5.1 さまざまなオキシダーゼ(酸化酵素)の化学反応式

ンサーを作製できる。アルコールセンサーは，発酵・醸造プロセス管理に応用できる。また，乳酸センサーは，疲労度を定量的に評価できる。このように酸素電極や過酸化水素電極を利用するバイオセンサーは，電流値の変化を測定するのでアンペロメトリック（電流検出）バイオセンサーとも呼ばれる。

デヒドロゲナーゼ（脱水素）系の酵素を用いたバイオセンサーも開発されている。例えば，アルコールデヒドロゲナーゼは**図 5.2**に示すようにアルコールから水素を除く酵素である。酸化型ニコチンアデニンジヌクレオチド（NAD^+）共存下でアルコールの脱水素過程において生成する還元型ニコチンアデニンジ

$$RCH_2OH + NAD^+ \xrightarrow{\text{アルコールデヒドロゲナーゼ}} RCHO + NADH + H^+$$

$$NADH + FMN + H^+ \longrightarrow NAD^+ + FMNH_2$$

$$FMNH_2 \xrightarrow{\text{白金電極}} FMN + H^+ + 2e^-$$

図 5.2 デヒドロゲナーゼ(脱水素酵素)の化学反応式

ヌクレオチド（NADH）が生成する。これに水素受容体であるフラビンモノヌクレオチド（FMN）も共存させ，生成した還元型フラビンモノヌクレオチド（FMNH$_2$）の酸化電流を測定することでアルコールが定量できる。この系は，アルコールオキシダーゼに比べて選択性には優れている。なぜなら，アルコールオキシダーゼは，メタノール，アリルアルコール，n-プロパノールなども酸化するからである。しかし，測定系が非常に複雑であるために実用化には至っていない。

〔2〕 ポテンショメトリック(電位検出)バイオセンサー

どのような酵素を用いてもバイオセンサーが作製できるのか，というとそうではない。これまで述べたように，電極と反応する物質（電極活物質）の増減を伴う必要がある。このほかには，リパーゼという酵素は，脂質を加水分解し，脂肪酸とグリセリンを発生させる反応を触媒する。この酵素では，反応後水素イオンが発生することがわかる。したがって，酵素反応が起こった領域ではpHが酸性側に変化するのでガラスpH電極と組み合わせることにより，脂質濃度を測定することができる（**図5.3**）。このセンサーは，水素イオン濃度変化によって生じる電位変化を検出するので，ポテンショメトリック（電位検出）バイオセンサーと呼ばれる。

このほかには，ペニシリナーゼは，**図5.4**に示すようにペニシリンをペニシ

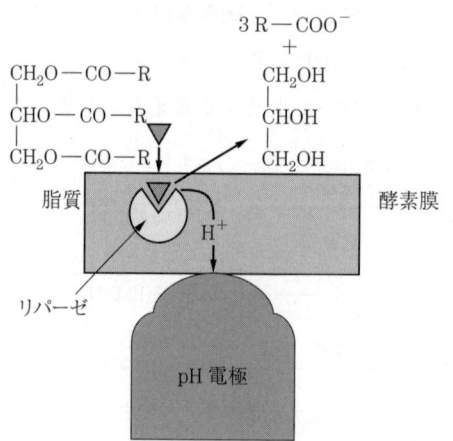

図5.3 脂質センサー

5.2 酵素を換える

図 5.4 ペニシリナーゼの化学反応式

ロ酸に変える反応を触媒する。ペニシロ酸は，酸性物質なので脂質センサーと同様にpH電極で検出することができる。ウレアーゼは，尿素と水からアンモニアを発生させる反応を触媒するので，アンモニア電極と組み合わせることで検出することができる（**図5.5**）。同様にアデノシンは，**図5.6**に示すようにアデノシンデアミナーゼによりイノシンとアンモニアを生成するので，アンモニア電極との組合せでアデノシンを定量できる。

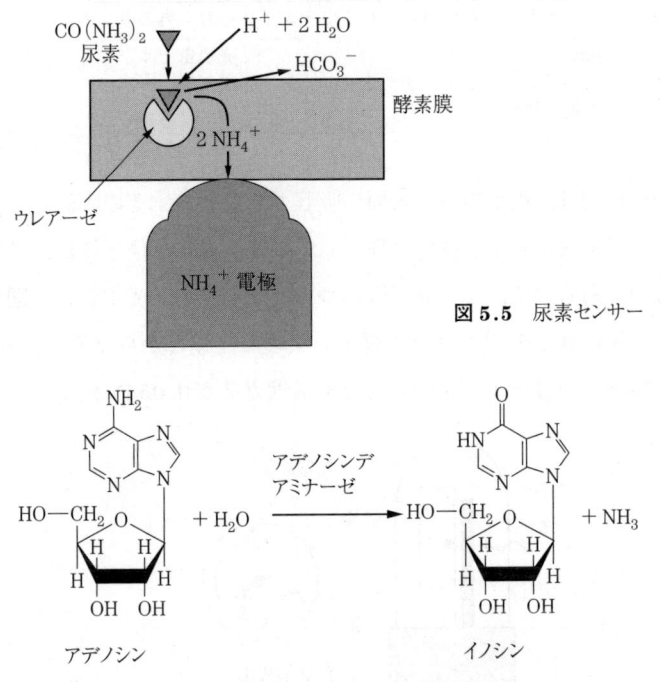

図 5.5 尿素センサー

図 5.6 アデノシンデアミナーゼの化学反応式

5.3 信号変換素子を換える

5.2節では，酵素（分子識別素子）の種類を換えることでさまざまな酵素センサーを得ることができることを示した。同様に，信号変換素子を換えることでさまざまなバイオ（酵素）センサーを実現できる。

〔1〕 受光素子を用いるバイオセンサー

受光素子は，表5.1に示すものが挙げられるが，その中でバイオセンサーに用いられる素子は，フォトダイオードと光電子倍増管である。フォトダイオードについては付録で説明している。

表5.1 さまざまな受光素子

バイオセンサーに用いられる受光素子	それ以外の受光素子
pinフォトダイオード アバランシェフォトダイオード 光電子倍増管	光導電セル 光電管

光電子倍増管は，光が物質の表面に吸収されたとき，その表面から光電子を放出する光電子放出効果を動作原理としている。光電子倍増管は，光電管を改良したものであるので，まず光電管について説明する。光電管は，図5.7に示すように光電陰極と放出された光電子を集める陽極とからなる二極管であり，管内は真空あるいはアルゴンのような不活性ガスが0.05 Pa程度封入されてい

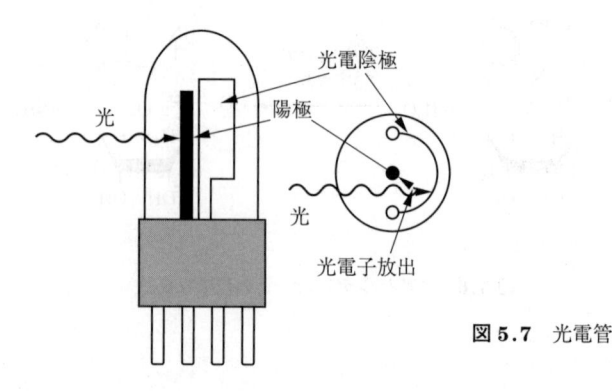

図5.7 光電管

る。光電面に光が入射すると，そこから光電子が放出され，外部に光の強さに比例する光電流が流出する。高電圧を印加した場合，光電子によりガスがイオン化され，そのイオン化分子が陰極に衝突して2次電子を放出させる。これによって通常5～50倍の増倍が起こる。

光電管の感度を上げるため，**図5.8**に示すような2次電子倍増電極を内蔵したのが光電子倍増管である。光電面より放出した光電子が増倍部に導入し，そこで電界により加速されて固体表面に衝突し，2次電子を放出する。放出されたそれらの電子は数段の2次電子倍増電極によってカスケード的に倍増され，2次電子を集める陽極から外部に陽極電流として取り出せる。2次電子倍増電極の数を10個にすれば電流倍増率10^7を得ることができる。光電子倍増管の特徴は，高利得，高速，高感度，低雑音などである。また，これらの特性が受光面の大きさにはほとんど影響されないことである。

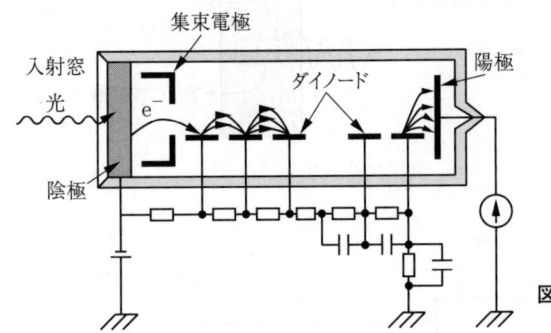

図5.8 光電子倍増管

これらの受光素子をバイオセンサーとして利用するためには，酵素反応から発光過程にもっていく必要がある。一般的に用いられるのは，化学発光の一種であるルミノール反応である。**図5.9**に示すようにルミノールは塩基溶液中において過酸化水素と金属イオンや金属化合物（ここではフェリシアン）あるいはペルオキシダーゼとの触媒により，励起状態のアミノフタル酸になる。これが基底状態に戻るときに430 nmに極大値をもつ光を発する。したがって，グルコースオキシダーゼによる反応式(3.3)と組み合わせることにより，発光型のグルコースバイオセンサーができる。センサーの形態としては，**図5.10**(a)

図 5.9 ルミノール発光反応

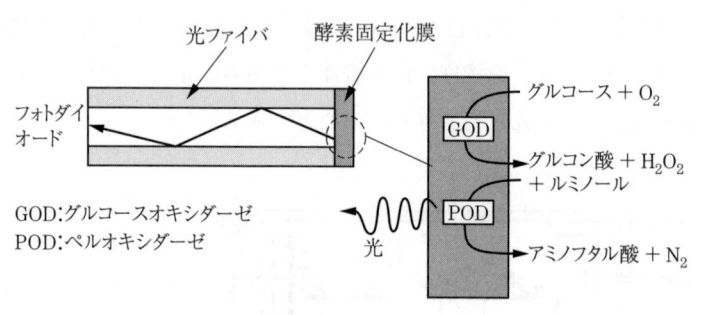

(a) 光ファイバ方式

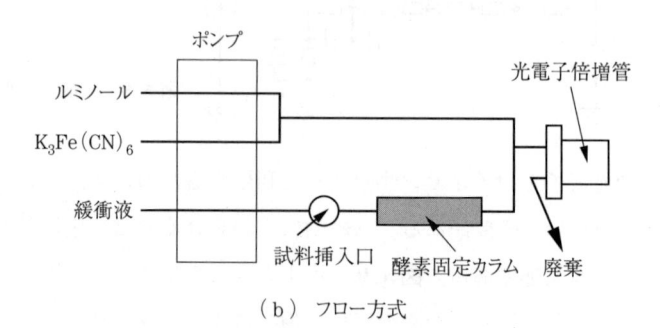

(b) フロー方式

図 5.10 発光型グルコースバイオセンサーの形態

に示すように光ファイバを用いて光を取り出す光ファイバ方式や図(b)に示すフロー方式などが挙げられる。このセンサーの利点は，信号が光であるので電気的な妨害を受けにくい，高感度測定ができる，などがある。また，光ファイ

バを用いて効率的に光を取り出すこともできる．

〔2〕 温度センサーを用いるバイオセンサー

表5.2に示すように多くの酵素反応は，反応前後で5～100 kJ/molのエンタルピー変化を伴う．つまり，酵素反応は発熱反応になる．例えば，グルコースオキシダーゼでは，80 kJ/molのエンタルピー変化が起こる．したがって，酵素と温度センサーを組み合わせることでバイオセンサーを得ることができる．実際には，10^{-3}℃の温度差を検知できるサーミスタが必要である．

表5.2 酵素反応におけるエンタルピーの変化

酵　素	基　質	$-\Delta H$〔kJ/mol〕
グルコースオキシダーゼ	グルコース	80.0
コレステロールオキシダーゼ	コレステロール	52.9
ウリカーゼ	尿　酸	49.1
ウレアーゼ	尿　素	6.6
カタラーゼ	過酸化水素	100.4
アスパラギナーゼ	L-アスパラギン	23.9
ペニシリナーゼ	ペニシリン	67.0

表5.3には，さまざまな温度センサーを示す．その中でバイオセンサーに利用されるのはサーミスタである．サーミスタは熱に敏感な抵抗体という意味で，おもにMn，Ni，Coなどの金属酸化物の粉末をリード線とともに焼結している．図5.11にサーミスタの構造と写真を示す．サーミスタを温度特性から分類すると，温度上昇とともに電気抵抗が指数関数的に減少する負特性サーミスタ（negative temperature coefficient thermistor，略してNTCサーミスタ），逆に抵抗が異常に大きくなる正特性サーミスタ（positive temperature coefficient thermistor，略してPTCサーミスタ），ある温度で急に抵抗が減少する急変サーミスタ（critical temperature resistor thermistor，略してCTRサーミスタ）があ

表5.3 さまざまな温度センサー

種　類	材　料　例
サーミスタ	金属酸化物焼結体
pn接合温度センサー	半導体
熱電対	金属/半導体
焦電型温度センサー	圧電体

```
        金属酸化物焼結体    ガラス
```

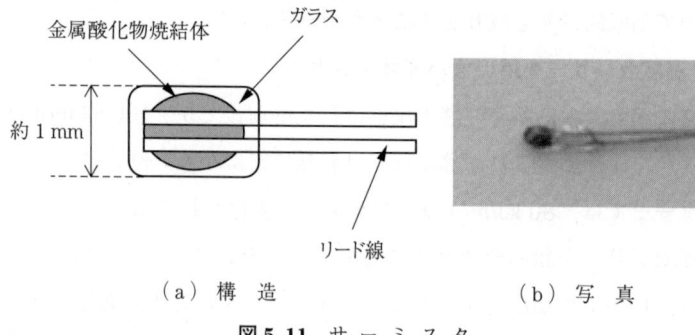

（a）構造　　　　　　（b）写真

図 5.11 サーミスタ

る。ここでは，NTCサーミスタについて述べる。

NTCサーミスタの電気抵抗Rと温度Tの関係は式(5.1)で表される。

$$\rho = \rho_\infty \exp\left(\frac{\Delta E}{2kT}\right) \tag{5.1}$$

ここで，ρ，ρ_∞は温度Tおよび無限大におけるサーミスタの抵抗率を，ΔEは活性化エネルギーを，kはボルツマン定数を表す。

式(5.1)の関係から，電気抵抗Rはつぎのようになる。

$$R = R_0 \exp B\left(\frac{1}{T} - \frac{1}{T_0}\right) \tag{5.2}$$

ここで，R，R_0はサーミスタの任意温度Tおよび基準温度T_0における電気抵抗値を示している。また，$B = \Delta E/2k$は感度を表し，サーミスタ定数と呼んでおり，その値は材料組成や焼結条件などに影響を受ける。式(5.2)を温度Tで微分すると抵抗温度係数αが得られる。

$$\alpha = \frac{1}{R} \cdot \frac{dR}{dT} = -\frac{B}{T^2} \tag{5.3}$$

一般的な数値は，室温で$R = 10\,\text{k}\Omega$，$\alpha = 0.045\,\text{K}^{-1}$である。**図 5.12** にNTCサーミスタのサーミスタ定数の違いによる温度と抵抗の関係を示す。Bが大きいほど温度変化による抵抗変化が大きいことがわかる。**図 5.13** は，NTCサーミスタの電流－電圧特性である。電流値が低い領域では，オームの法則に従う。温度センサーとして利用するにはこの領域が適している。電流値が増えるにつ

5.3 信号変換素子を換える

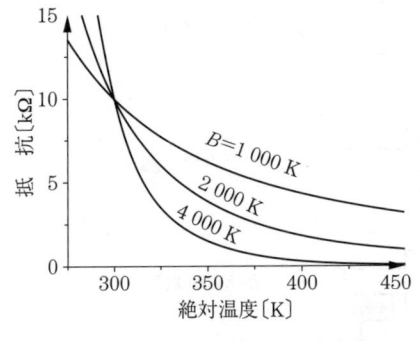

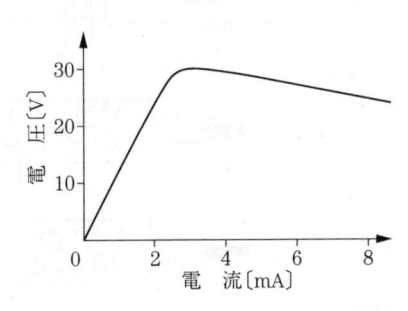

図 5.12 NTC サーミスタのサーミスタ定数 B の違いによる温度と抵抗の関係

図 5.13 NTC サーミスタの電流-電圧特性

れ抵抗が増える。これは，サーミスタ自身の自己加熱によるものであり，この状態では正確な温度測定はできない。

図 5.14は NTC サーミスタの測定回路の一例である。ホイートストンブリッジと呼ばれ

$$R_1 R_3 = R_2 R_T \tag{5.4}$$

の関係を満たせば点 AB 間に電流は流れない。サーミスタの抵抗値が変化し，AB 間の電流値（ここでは電圧検出）を測定することで，高感度で再現性のよい温度測定ができる。

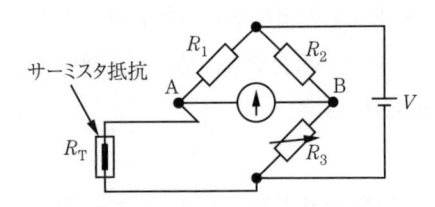

図 5.14 NTC サーミスタの測定回路の一例

サーミスタを用いる酵素センサーの構成は**図 5.15**が考えられる。図(a)のように固定化酵素を直接サーミスタに密着させる方法，図(b)のように酵素を担体（シリカゲルなど）に固定化してカラムに入れサーミスタを直接試料溶液に入れる方式，または図(c)のようにカラムの外に置く方式などがある。これらの方法は，一つのサーミスタしか使用しないのでベースラインが不安定であったり，測定値に再現性がないなどの問題がある。そのため，2個のサーミス

(a) プローブ型
試料溶液　固定化酵素　サーミスタ

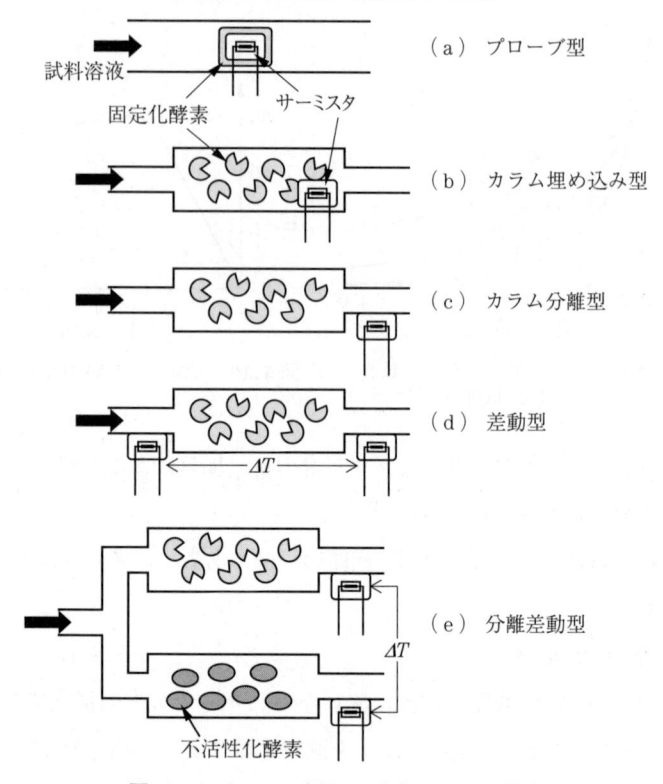

(b) カラム埋め込み型

(c) カラム分離型

(d) 差動型
$\varDelta T$

(e) 分離差動型
$\varDelta T$
不活性化酵素

図 5.15 サーミスタを用いる酵素センサーの構成

タを用いて図(d), (e)のように酵素反応の前後あるいは有無による温度差 $\varDelta T$ によって検出する方法がある。いずれの場合でも，酵素反応は恒温層内など外気温の影響を受けない系で行う必要がある。

〔3〕 ISFETバイオセンサー

ISFETは，半導体技術を作製した微小pH電極であり，すでに製品化されていることは2章で述べた。このISFETと酵素を組み合わせることにより，ISFETバイオセンサーが作製できる。**図 5.16**に示すように，イオン感応膜にリパーゼやペニシリナーゼを固定化した酵素センサーの例である。図に示すのは，よく用いられている差動型の界面電位測定回路である。二つの電流源のうち，一つはドレーン電流を設定し，もう一つはソース-ドレーン間の電圧を設定しこれらをつねに一定に保つ。これにより，ゲート-ソース間の電位が固定される。

5.3 信号変換素子を換える

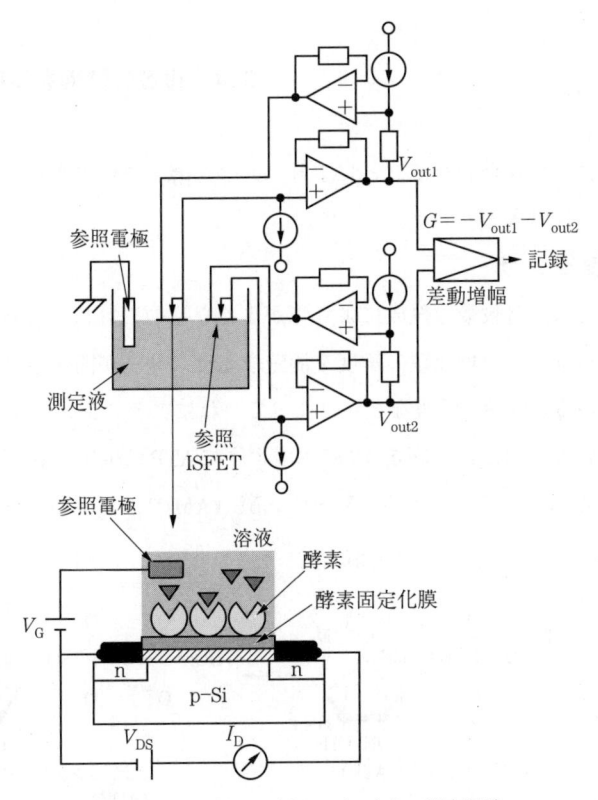

図 5.16 ISFET バイオセンサーとその測定回路

銀/塩化銀参照電極は，直接あるいは電源を介して接地されている．ISFETと二つのオペアンプからなる回路は，アースから浮いた状態にある．

　このISFETバイオセンサーの動作原理はつぎのとおりである．すなわち，酵素反応によって水素イオン濃度が変化して，溶液と膜表面間の界面電位がΔVだけ変化すると，ISFETおよびオペアンプ回路の各点もアースからΔVだけ変化することになる．このΔVを測定することにより，測定物質の量を測定できる．図の回路では，二つのISFETを用意し片方のISFETは酵素を固定化しない参照ISFETである．そして，両者の電位変化の差動増幅をとることにより，より正確で再現性のよい測定を行うことができる．

5.4 複数の酵素を使用する

複数の酵素を組み合わせることにより，一つの酵素ではできなかったバイオセンサーを実現できる。

[1] 鮮度センサー

牛肉や豚肉は，屠殺後の熟成により味がよくなるのに対し，魚介類では新鮮さが重要である。この魚介類の鮮度を測定するセンサーが開発されている。生物は生きていると代謝（呼吸など）によってつねにアデノシン三リン酸（ATP）を生産している。死後は，図5.17に示すようにATPは生産されずアデノシン二リン酸（ADP），アデノシン-5′-リン酸（AMP），イノシン-5′-リン酸

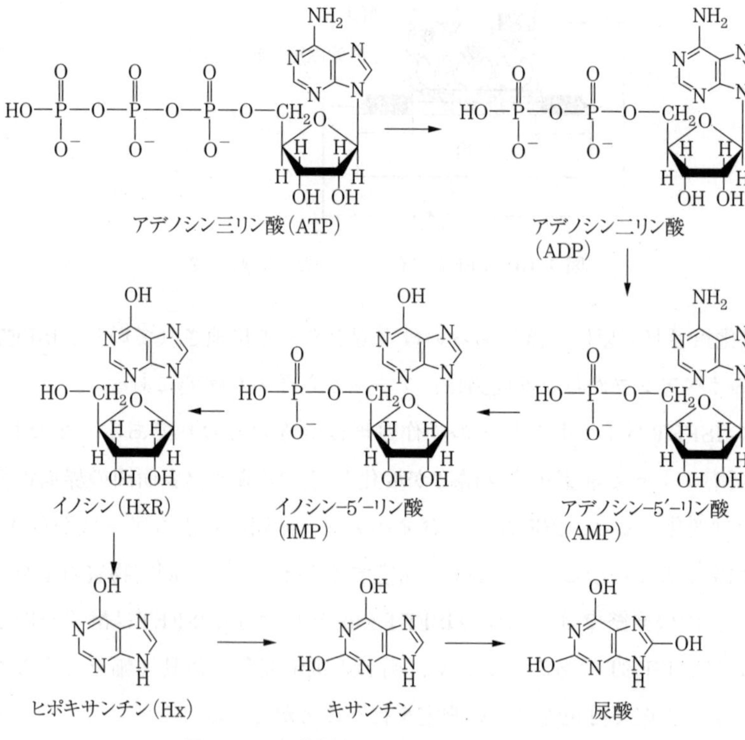

図5.17 魚介類中におけるATPの分解過程

(IMP)，イノシン（HxR），ヒポキサンチン（Hx）の順に加水分解され，最後に尿酸になる．したがって，これらの物質を簡便に測定し，総合的に判断できれば鮮度を迅速に定量的に測定できる．先に述べた鮮度に関連する物質は7種類あるが，ほとんどの魚介類において，死後硬直が死後5〜20時間で終了し，そのときにはATP，ADPおよびAMPはあまり存在しないことがわかっており，鮮度値はIMP，HxRおよびHxの3種類の物質の存在比で表すことができる．その値は式(5.5)のようになる．

$$K_1 = \frac{[\mathrm{HxR}] + [\mathrm{Hx}]}{[\mathrm{IMP}] + [\mathrm{HxR}] + [\mathrm{Hx}]} \times 100 \tag{5.5}$$

このK_1値が小さいほど新鮮度が高いことを示す．例えば刺身用には40以下でないと適さず，それ以上の場合は焼き魚や煮魚になる．K_1値はIMP，HxRおよびHxをそれぞれの酵素センサーと組み合わせることによって測定できる．

〔2〕 スクロースセンサー

スクロースは，グルコースとフルクトースが結合した二糖類である．スクロースを測定するには，インベルターゼ，ムタロターゼ，グルコースオキシダーゼの3種類の酵素を用いることにより，スクロースセンサーを実現できる（**図5.18**）．インベルターゼは，スクロースをα-D-グルコースとβ-D-フルクトフ

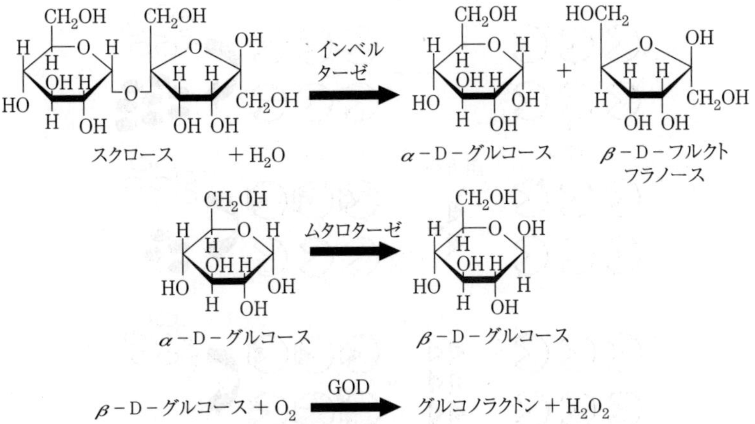

図 5.18 複数種の酵素を使用するバイオセンサー（スクロースセンサー）

ラノースに加水分解する。ムタロターゼは，α-D-グルコースをβ-D-グルコースに変換する。そして，β-D-グルコースはこれまで述べてきたようにグルコースオキシダーゼと酸素電極などを組み合わせて検出できる。

このほかには，複数の酵素電極を組み合わせることにより，複数の成分を測定できる多項目バイオセンサーもある。

5.5 酵素の阻害作用を利用する

毒物の中には，生体中の酵素作用を阻害するものがある。例えば，青酸化合物やヒ素化合物はクエン酸回路内の酵素を阻害する。毒ガスであるサリンや有機リン系農薬は神経伝達物質を分解するアセチルコリンエステラーゼの働きを阻害する。水銀(II)やフッ化物イオンは，ウレアーゼの反応を阻害する。したがって，この酵素活性度を電極と組み合わせることにより毒物の検出ができる。このセンサーの概念は**図5.19**に示すとおりである。測定試料の存在下で一定時間酵素反応を行わせ，酵素反応による電流値変化を測定することで毒物を定量できる。

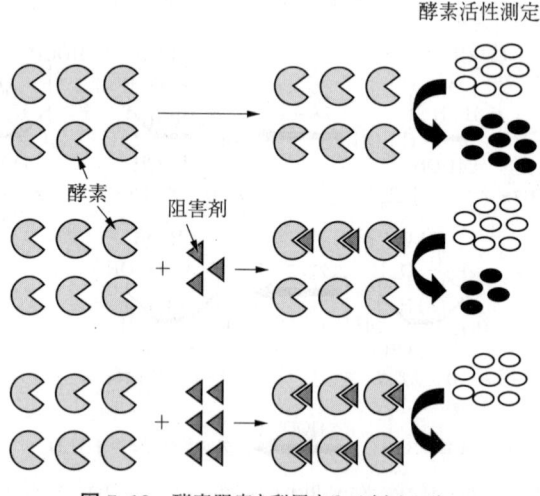

図5.19 酵素阻害を利用するバイオセンサー

6 環境計測用微生物センサー

6.1 はじめに

　20世紀の技術革新により，生活が便利になった反面，地球環境に負担をかけ，その結果，自然の浄化力を超えて汚染が蓄積する環境汚染が深刻な問題となった。環境汚染は，人類を取り巻く地球環境，すなわち，水，大気，土壌の三つの大きなサイクルシステムに及んでいる。持続的に発展する社会を形成するには，つねに環境保全を意識しなければならない。そのため，環境計測を簡便に行うことができるセンサーの果たす役割は大きいと考えられる。6章では，環境計測に用いられる微生物センサーについて述べる。

6.2 水質汚濁

　河川の水質管理は，生活水や工業用水に利用されるために重要である。河川の水質汚濁は，BODで表される。汚濁のほとんどは生活排水や工業廃水によって生じる有機物による。その有機物を分解処理するのが微生物である。BODとは，溶存酸素存在のもとで水中の有機物を栄養源として好気性微生物が増殖・呼吸するときに消費される酸素量のことである。20℃で5日間に消費される溶存酸素量（mg/l）を標準とする。BODが大きいと微生物が有機物を分解するために必要な酸素が多いため，汚濁が大きいことを示す。**表6.1**には，河川の環境基準を示す。20℃の溶存酸素の飽和量は，8.8 mg/lであるの

表6.1 河川環境基準〔国土交通省河川局の
ホームページより抜粋改変〕

類　型	利用目的の適応性	基準値（BOD）
AA	水道1級，自然保全	1 mg/l 以下
A	水道2級，水産1級，水浴	2 mg/l 以下
B	水道3級，水産2級	3 mg/l 以下
C	水道3級，工業用水1級	5 mg/l 以下
D	工業用水2級，農業用水	8 mg/l 以下
E	工業用水3級，環境保全	10 mg/l 以下

自然環境保全：自然探勝等
水道1級：ろ過等による簡易な浄水操作を行うもの
水道2級：沈殿ろ過等による通常の浄水操作を行うもの
水道3級：前処理等を伴う高度の浄水操作を行うもの
水産1級：ヤマメ，イワナ等貧腐水性水域の水産生物用
水産2級：サケ科魚類，アユ等貧腐水性水域の水産生物用
水産3級：コイ，フナ等中腐水性水域の水産生物用
工業用水1級：沈殿等による通常の浄水操作を行うもの
工業用水2級：薬品注入等による高度の浄水操作を行うもの
工業用水3級：特殊の浄水操作を行うもの
環境保全：国民の日常生活において不快感を生じない限度

で，例えば，10 mg/l 以上の河川は好気性微生物だけでは汚濁を十分処理することができない。そのため，嫌気性微生物が繁殖し異臭を放つことになる。日常生活において不快感を与えない限度のBOD値が10 mg/lに定めてあるのはこのためである。ちなみに，湖沼や海洋の水質基準は，BODではなく化学的酸素要求量（chemical oxygen demand, 略してCOD）である。これは，湖沼や海

表6.2 全国河川の水質汚濁ワースト〔国土交通省
河川局のホームページより抜粋〕

順　位	河川名	都道府県名	BOD 75%値[†]
1	大和川	奈良・大阪	14.3 mg/l
2	綾瀬川	埼玉・東京	13.3 mg/l
3	鶴見川	神奈川	10.3 mg/l
4	重信川	愛媛	6.5 mg/l
5	荒　川	埼玉・東京	6.1 mg/l
6	中　川	埼玉・東京	6.0 mg/l

[†] BOD 75%値の2001年までの過去10年間の平均値。
BOD 75%値は，例えば月1回の測定の場合，日平均値を水質のよいものから12個並べたとき水質のよいほうから9番目の値である。

洋には植物性のプランクトンが存在するため正確なBODが測定できないためである。

表6.2には，全国1級河川のBOD値を基準にした汚濁の激しい河川である。汚濁の激しい河川は，大都市を流れている。これは，水質汚濁が，生活排水（食物油や洗剤など）によることを示している。しかし，2001年では，BODが3 mg/l以下の河川は83％であり，水質汚濁は10年前に比べて改善されている傾向にある。

6.3 微 生 物

微生物センサーに利用される微生物とはどのようなものであろうか。微生物とは，文字どおり小さい生き物であるが，これについて簡単に述べる。地球上には，多くの種類の生物が存在する。大ざっぱには，**表6.3**に示すように地球上の生物は界分類される。微生物は，肉眼ではみえない小さな生き物である。かびや酵母など人類が食品生産に利用している微生物は真菌類であり，表6.3中の菌界に属する。また，赤痢菌やコレラ菌などの病原菌は細菌類であり，表6.3中の原核生物界に属する。ウイルスは，微生物よりもさらに小さい生物であり，電子顕微鏡によって初めてみることができた。20世紀に入って発見された生物であり，生態もこれまでの微生物とは異なることからウイルス界として分類される。

生物種の命名法は，**表6.4**に示すような階層的になされる。微生物の場合，階層の最後から二つの属名と種名の二名法で，ラテン語で示される。これは，

表6.3 生物の分類

界	例
動物界	哺乳類，鳥類，爬虫類，魚類，昆虫，節足動物
植物界	被子植物，裸子植物
菌界	かび，きのこ，酵母
原生生物界	アメーバ，ゾウリムシ
原核生物界	グラム陰性菌，大腸菌，古細菌，赤痢菌，コレラ菌
ウイルス	コロナウイルス，エボラ熱ウイルス，ヒト免疫不全ウイルス

表6.4 生物種の分類法

分類	例1	例2
界（kingdom）	植物界	日本国
門（division）	種子植物門	東京都
綱（class）	双子葉植物綱	港区
目（order）	バラ目	芝浦
科（family）	バラ科	3丁目
属（genus）	サクラ属	9番
種（species）	ソメイヨシノ	14号

スウェーデンの生物学者リンネが提案した方法である。例えば，大腸菌は*Escherichia coli*であるが，大文字で始まる*Escherichia*は属名，小文字で始まる*coli*は，種名である。**表6.5**に代表的な微生物を示す。微生物の大きさは，平均で約0.5～2 μmである。この大きさでは，光学顕微鏡で観察することができる。

表6.5 代表的な微生物

	類	通称	属	種
真菌類	かび（fungi）	麹かび あおかび	*Aspergillus* *Penicillium*	*niger, oryzae* *chrysogenum*
	酵母（yeast）		*Saccharomyces* *Candida*	*cerevisiae, sake* *utilis, cylindracea*
原核生物	細菌（bacteria）	大腸菌 コレラ菌 梅毒菌 ブドウ球菌	*Escherichia* *Vibrio* *Treponema* *Staphylcoccus*	*coli* *cholerae* *pallidum* *aureus*

図6.1には，微生物の形状を示す。丸型，棒型，らせん型の3種類があり，丸型のものは球菌，棒型のものは桿菌，らせん型のものはらせん菌と呼ばれる。

球菌は，増殖のしかたによって，双球菌，連鎖球菌，ブドウ球菌の3種類に分けられる。2個の球菌がいつも一緒に行動するのは双球菌である。双球菌には，肺炎を起こす肺炎双球菌，淋病を起こす淋菌などがある。連鎖球菌は，たくさんの球菌が鎖で連なっている。溶血連鎖球菌や緑色連鎖球菌などがある。

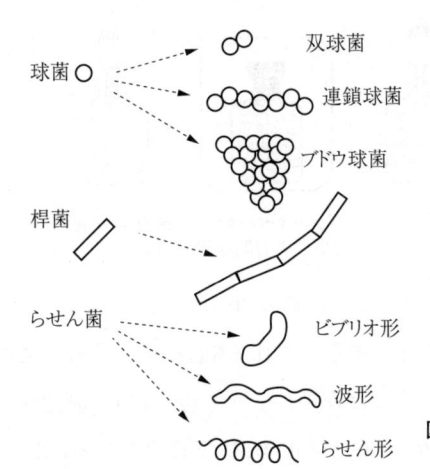

図 6.1 微生物の形状

たくさんの球菌が不規則に重なり合い，ブドウの房のようにみえるのはブドウ球菌である。その代表は，土，皮膚や鼻の粘膜にすんでいる黄色ブドウ球菌，皮膚にすんでいる表皮ブドウ球菌などがある。

桿菌は，筒の形をしている。その代表は，ヒツジやウシなどの家畜に感染する炭疽菌，食品生産に利用される枯草菌や納豆菌などがある。

らせん菌は，コンマの形をしたビブリオ形と呼ばれるもの，波形のもの，らせん形のものがある。ビブリオ形は，コレラ菌，らせん形は，梅毒スピロヘータがある。

6.4 従来のBOD測定法

従来のBOD測定法は，日本工業規格（JIS K 0102）に基づく。図6.2に示すように検水を，飽和溶存酸素水で希釈し，溶存酸素が初期濃度の40～70%になるように調整する。飽和溶存酸素水は，pH7.2のリン酸緩衝液である。つぎに，その希釈水をふらんビンに入れ15分後に溶存酸素（DO）を測定する。この測定値をDO_1とする。ふらんビンは，100～300 mlの水封可能なすり合わせ栓付きガラスビンである。そして，このふらんビンを密栓して20℃を保

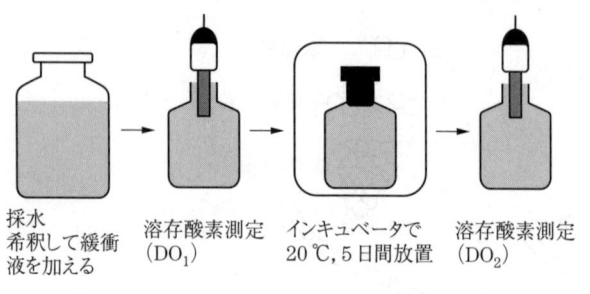

図 6.2　BOD 測定法, 5 日間法 (JIS K 0102)

ち, 光を遮断した状態で5日間放置する。これを5日間法という。この放置操作は, インキュベータの中で行うことが多い。その後, DOを測定する。この測定値をDO_2とする。これより, BODは式(6.1)で算出できる。DO測定は, 酸素センサー (2章参照) を用いて行うことが多い。

$$\text{BOD}[\text{mg}/l] = (DO_1 - DO_2) \times \frac{[希釈試料水量]}{[試料水量]} \quad (6.1)$$

この測定法では, 測定試料の希釈が難しい。BODが大きい試料では, 希釈が不十分であるとDO_2が検出限界以下になり, 微生物が有機物を分解できるための酸素量が不足することになり, 正確な測定ができない。また, 希釈量を多くしすぎるとDO_1とDO_2の差が小さくなり, 測定精度が落ちる。最適な希釈量は5日を経過しないとわからないので, ふらんビンを複数用意して何通りかに希釈して行うことになる。このように, 従来のBODは手間も時間も要することがわかる。

6.5　微生物センサーの構成と原理

微生物センサーとは, 分子識別素子に微生物を利用したバイオセンサーである。3～5章で述べたグルコースバイオセンサーは, 酵素を利用しているが, この酵素は微生物から抽出・精製される。グルコースオキシダーゼは, *Aspergillus niger* という微生物から得られたものがよく使用される。酵素センサーの場合, 酵素は生物そのものではないために, ある種の酵素は壊れやすい

6.5 微生物センサーの構成と原理

ものが多い。また，微生物の培養および抽出精製に労力がかかり，高価な酵素も少なくはない。これに対し，酵素のおおもととなる微生物は多数の酵素を含んでおり，自己増殖能もある。このような背景から，経済的で安定な微生物センサーが提案された。

図6.3には酸素電極を信号変換素子として利用している微生物センサーの構造である。ほとんどが酵素センサーと同様であるが，分子識別素子が微生物に置き換わっている。すなわち，酵素固定化膜が微生物固定化膜に置き換わる。図6.4に微生物センサーの動作原理を示す。資化（摂取）物質が存在しない場

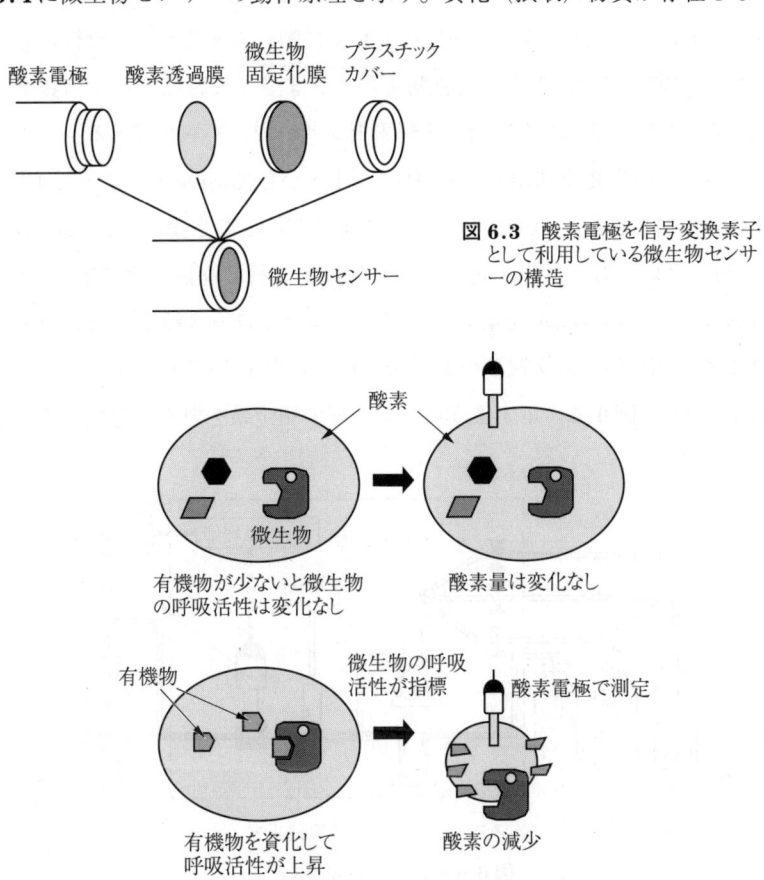

図6.3 酸素電極を信号変換素子として利用している微生物センサーの構造

図6.4 微生物センサーの動作原理

合，微生物の呼吸活性は変わらないので溶存酸素量は変化しない。微生物が資化すると呼吸活性が大きくなり，溶存酸素が消費される。この溶存酸素減少量を酸素電極で検出して，資化物質を測定する。

6.6 BODセンサー

微生物センサーの代表例は，BODセンサーである。先に述べたようにBODは，水質汚濁の重要な指標であるが，6.3節で述べたように日本工業規格に従った測定では，5日間を要し，操作も煩雑で信頼性のあるデータを得にくかった。また，BODの要因となる有機物汚濁はさまざまな種類の化学物質を含むため，優れた分子識別力を利用する酵素センサーでは不適当である。このような背景から，微生物を利用するBODセンサーがI. Karubeらによって1977年に初めて報告された[†]。BODセンサーに利用される微生物は，*Trichosporon cutaneum*という好気性微生物である。酵母の一種で廃液処理に用いられる。*Trichosporon cutaneum*を培養し，アセチルセルロース膜上に吸着固定化し（微生物固定化膜），酸素電極のガス透過膜上に装着してセンサーを構成する（図6.2参照）。**図6.5**に示すようなフロー型の測定系を組み，有機物を含まな

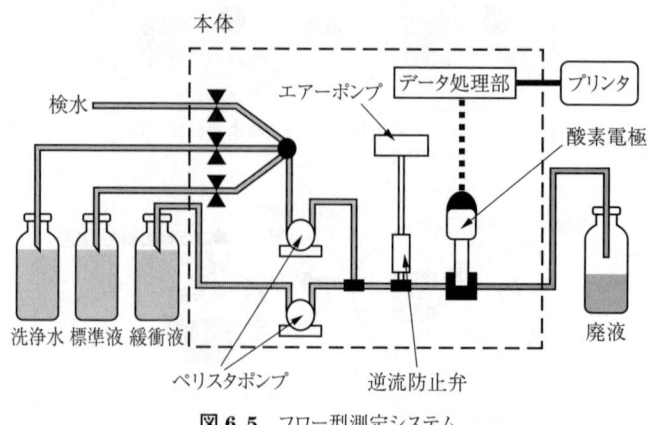

図6.5 フロー型測定システム

[†] I. Karube, T. Matsunaga, S. Mitsuda and S. Suzuki：*Biotech. Bioeng.*, *19*, 1535 (1977)

6.6 BODセンサー

い溶液（リン酸緩衝溶液）から測定液を挿入したところ図6.6に示すような応答曲線が得られた。測定液を挿入したときの定常状態での電流値とバックグランド電流値（有機物を含まない溶液）との差は，廃水のBOD値に比例する。測定値は，5日間法（JIS K 0102）の値とよく一致した。また，定常状態となるまでに20分程度要するので，この時間でBODを測定できる。測定できるBOD値の範囲は3～30 mg/lであり，実用できる測定範囲である。このセンサーの開発により，環境管理に貢献できる。例えば，食品化学工場では，工業廃液を自家処理して環境基準に適したことを確認して排出する。そのために，短時間で簡便に測定できるセンサーは有効である。この微生物センサーによるBODの測定が日本工業規格（JIS K 3602）に，1990年に制定された。

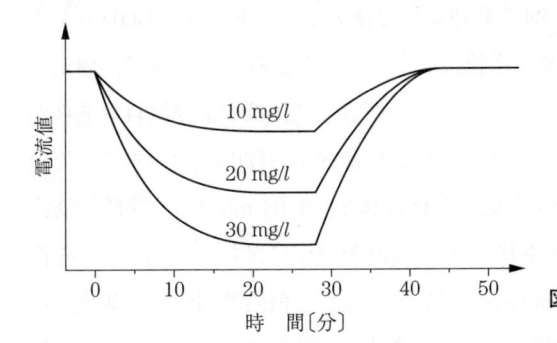

図 6.6 BODセンサーの測定データ

BODセンサーは，セントラル科学社から商品化されている。図6.7のBODセンサーは，実験室で使用できる卓上式である。交換式微生物電極ユニットにより，膜の立ち上げや交換が容易に短時間でできる（図6.8）。また，制菌剤使用の標準液・緩衝液，抗菌チューブの使用により，長期にわたり安定した測

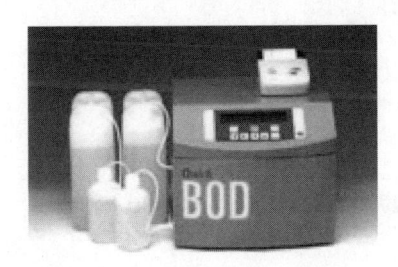

図 6.7 卓上式 BOD センサー
（セントラル科学社製）

緩衝液ポンプ　サンプルポンプ　逆流防止弁

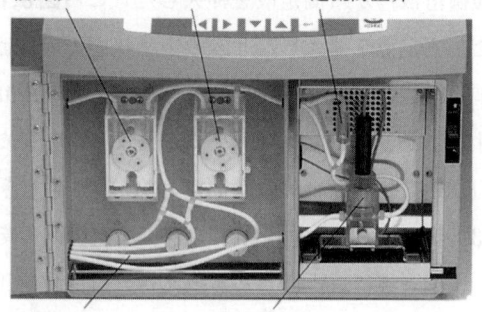

抗菌チューブ　　交換式電極ユニット

図 6.8　卓上式 BOD センサーのセンシング部

定ができる。

図 6.9 は，現場に設置して24時間連続して使用できるタイプのBODセンサーである。**図 6.10** に装置の測定系統図を示す。この装置は，薬液部，測定部およびデータ処理部から構成されている。標準液，洗浄液および試料はあらかじめ定められたタイムスケジュールに従い，電磁弁が自動的に開閉する一連の動作により測定部に供給しながら測定が行われる。$0.01\,\mathrm{mol}/l$ のリン酸緩衝液（pH 7）はつねに測定部に注入され，試料のpHを一定に保ちリン酸イオンの作用により微生物の呼吸活性が維持されている。試料の前処理部には，簡単なろ過フィルタ付きオーバフロー槽タイプのろ過装置が装備され，試料中の浮遊物質がろ過される。ろ過終了後，ろ過装置は自動的に水道水による洗浄が行われる。薬液部は，BOD標準液，リン酸緩衝液および洗浄液を収納し，内部の温度は15℃以下に冷却されている。測定部には，本装置の心臓部であるBODセンサーを微生物の活性を維持するために32℃の空気恒温槽に設置し，センサ

図 6.9　現場据置き24時間モニタ用 BOD センサー（セントラル科学社製）

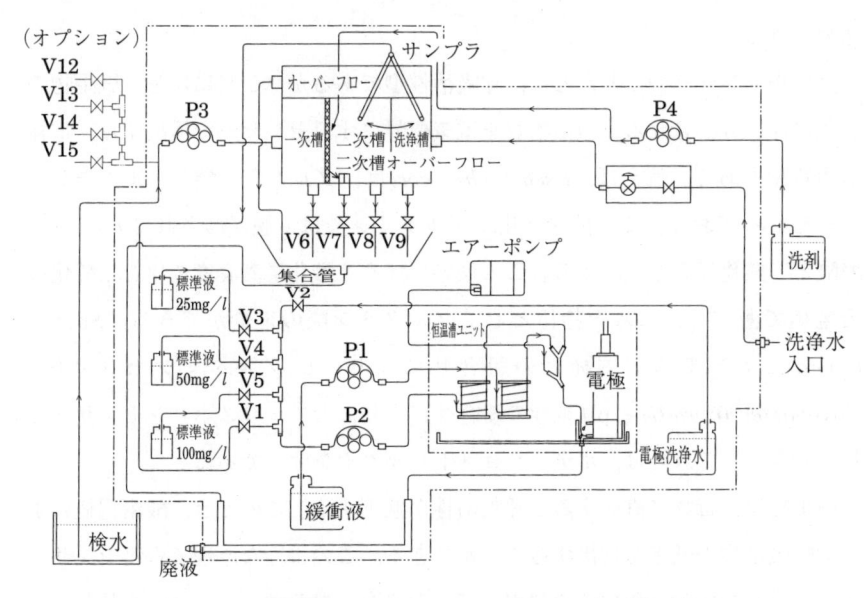

図 6.10 現場据置き 24 時間モニタ用 BOD センサーの測定系統図
(セントラル科学社マニュアルより)

ーのフローセル部に一定流量で試料を注入すると微生物は資化する。このときの出力電流値はデータ処理部に出力信号として送られ，BOD 値として演算し表示される．表示・操作部はデータ表示や操作性を考慮して，大型の液晶表示部とキーボード部で構成され，測定条件等の入力は画面との対話で簡単に入力できる．その他，プリンタ，記録計が装備されている．

6.7　さまざまな微生物センサー

酵素センサーは，酵素を換えることでさまざまなセンサーを作製できる．同様に微生物の種類を替えることでさまざまな微生物センサーを実現できる．BOD センサーと同様に，微生物が資化することで伴う呼吸活性の変化を酸素電極で検出する．*Psudomonas fluorescens* は，グルコースを選択的に資化しやすいので，グルコースセンサーを作製できる．*Trichosporon brassicae* は，エタノールや酢酸を資化しやすいためにエタノールセンサーや酢酸センサーを

作製できる。

　微生物センサーのほとんどは，呼吸活性型であるが，これに対し，微生物の資化に伴い分泌される電極活物質を電気信号にするセンサーで検出する，電極活物質型もある。例えば，*Escherichia coli* は，グルタミン酸デカルボキシラーゼをもっており，この酵素作用でグルタミン酸は，脱炭酸されてγ-アミノ酪酸と二酸化炭素を生成する。この反応に伴う二酸化炭素濃度変化を二酸化炭素電極で測定し，これを指標としてグルタミン酸の定量ができる。*Sarcia flava* とアンモニア電極との組合せにより，L-グルタミンセンサー，*Citrobacter freundii* とpH電極の組合せにより，セファロスポリンセンサーを作製できる。これらは，ポテンショメトリックセンサーである。

　微生物は，毒物に直面すると呼吸活性が低下する。このとき，酸素電極によって呼吸活性の低下を検出することができる。このような原理で毒物センサーが提案されている。硝化菌を利用して，シアン，農薬類，フェノール類および次亜塩素酸ソーダなどの高感度な毒物センサーも市販されている。

　酵素の場合には，対象となる化学物質が厳密に存在するが，微生物の場合にはそのようにはならない。つまり，選択性に乏しいところが欠点である。

7 免疫測定用 表面プラズモン共鳴バイオセンサー

7.1 はじめに

　バイオセンサーは，生物がもつ優れた分子識別機構を利用する。そして，その代表例は，酵素の基質特異性を利用した酵素センサーであり，3～5章において述べた。生物がもつ優れた分子識別機構は，生体分子の特異的な相互作用にほかならない。酵素反応のほかにも**表7.1**に示すように多くの系が存在する。7章では，免疫反応を利用したバイオセンサーを採り上げる。この免疫反応は「表面プラズモン共鳴」という物理現象を利用した信号変換素子を使用する。

表7.1　さまざまな生体分子の特異的相互作用

基質－酵素
抗原－抗体（免疫）
ホルモン－受容体
DNA相補対
核酸－タンパク質

7.2 免疫反応

　特定の病原性微生物によって起こる病気から回復した人は，再び同じ病原体の感染に対しては抵抗力をもち，その病気にはかかりにくいことが知られている。このことを病疫から逃れるという意味で免疫と呼ぶ。例えば，一度麻疹に

かかった人は二度と麻疹にかかることはない。これは，体内で免疫系が働いて，たえず侵入してくる麻疹ウイルスの増殖を防いでいるためである。このように，免疫とは，外部から体内（自己）に侵入してくる異物（非自己）を認識し，すみやかにこれと反応して効果的に排除する生体防御機構のことである。

この生体防御機構は，生体内のどこで担っているのであろうか。それは，おもに血液の中の白血球である。免疫反応で中心的な役割をするのは，各種の白血球細胞である。骨髄では分化していない状態で造血幹細胞が作られ，**図7.1** に示すようにそれが時間とともに赤血球，血小板のほかにいくつかの系列の細胞に分化していく。その中で免疫反応に重要な役割をする顆粒球，リンパ球，単核食細胞（マクロファージなど）が作られる。これらの細胞は，血液中を循環するだけでなく，リンパ節，リンパ管などを通ってすべての体内組織を巡回している。このような一連の反応を引き起こす原因となる異物を抗原という。

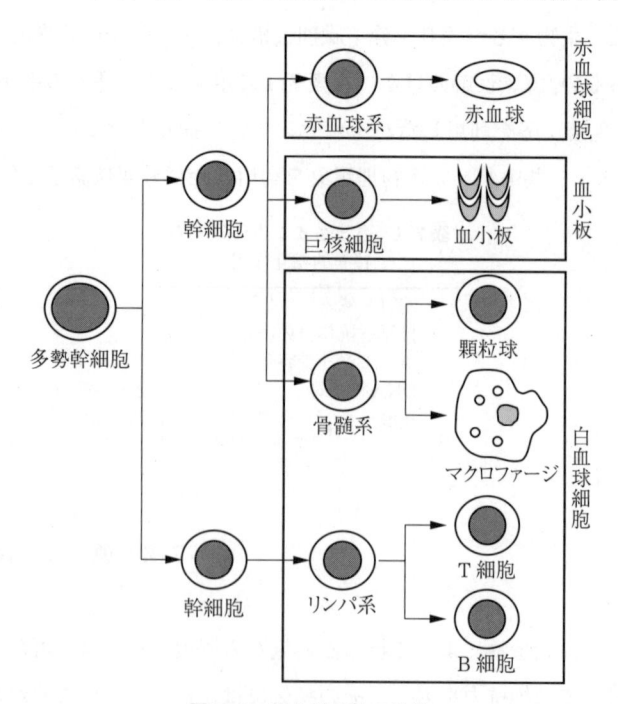

図 7.1 造血幹細胞の分化

7.2 免疫反応

抗原となる物質は，自己の体内に存在するものとは異なるタンパク質，多糖類，脂質などが主である。低分子化合物は，それだけでは抗原にならないが，細胞などに結合していれば抗原になる。

マクロファージは，大きさ $10 \sim 25\,\mu m$ くらいで，分子構造から異物であると判断したものを積極的に細胞内に取り込み，酵素を作用させて分解する。異物が金属粉のような場合には，それを取り込み自分も死んで体外に排泄されるだけであるが，ウイルスや細菌のようにほかから侵入したタンパク質のようなものに対しては，さらに複雑な行動をする。マクロファージは，異物であると識別した根拠となるアミノ酸配列だけは分解せずに保存し，さらに強力な反応を生じさせるための情報として利用する。

リンパ球は，直径が平均 $7\,\mu m$ で，T細胞（Tリンパ球）とB細胞（Bリンパ球）に大別される。マクロファージとこれらのリンパ球の間には複雑な相互作用があり，物質を介してすべての情報伝達がなされる。**図7.2**に示すように抗原によって刺激されたマクロファージからは，抗原のアミノ酸結合を含むRNAが放出され，T細胞がそれを受け取る。抗原を認識したT細胞によって，別のT細胞が刺激されて増殖し，抗原と反応する。このようにT細胞などが抗原と直接反応する免疫を細胞性免疫と呼ぶ。一方，刺激されたTリンパ球は，

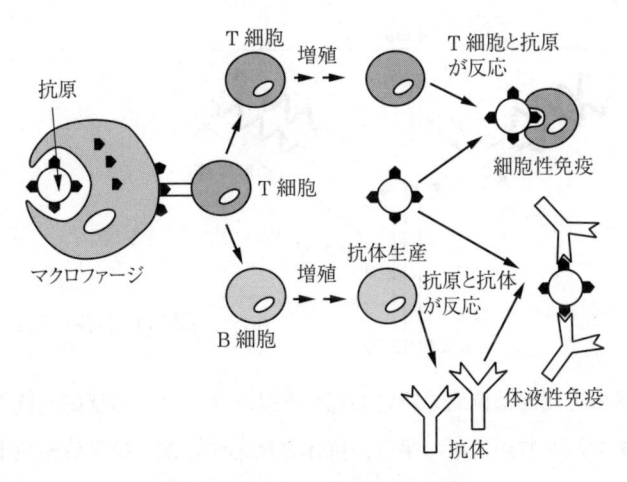

図 7.2 細胞性免疫と体液性免疫

Bリンパ球に作用する。Bリンパ球は，Tリンパ球によって促進と抑制の両面から制御を受けつつ，免疫反応に関与するタンパク質である免疫グロブリン（IgA, IgE, IgG, IgMなどの種類がある）を生産する。これらは最初の抗原のアミノ酸配列に正確に対応する部分構造をもっており，それぞれ各種の顆粒球やマクロファージの表面に付着し，それらが敵に近寄り攻撃するのを助ける。抗原を識別するための配列は，アミノ酸5個分くらいの長さで，免疫グロブリンはこれにぴったり合う構造をもっている。したがって血液によって運ばれつつ，敵を見つけて弾丸のようにそこへ食いついていく。免疫グロブリンは，その特定の抗原に対する抗体と呼ばれる。抗体は，血液中に溶けて循環し生体防御を行うので体液性免疫と呼ばれる。

　抗体は，図7.3に示すように分子量約15万（IgGの場合）のタンパク質であり，Y字の構造をしている。H鎖とL鎖と呼ばれるポリペプチドが2個ずつ計4個のポリペプチドからできている。H鎖とL鎖の先端部は，アミノ酸配列が抗体の種類によって異なっていて可変部と呼ばれる。残りの部分の構造が一定でどの抗体でも同じであり，定常部と呼ばれる。抗体は，何百万種類に及ぶ抗原一つひとつに対応する。免疫センサーは，分子識別素子にこの抗体を利用しているのである。

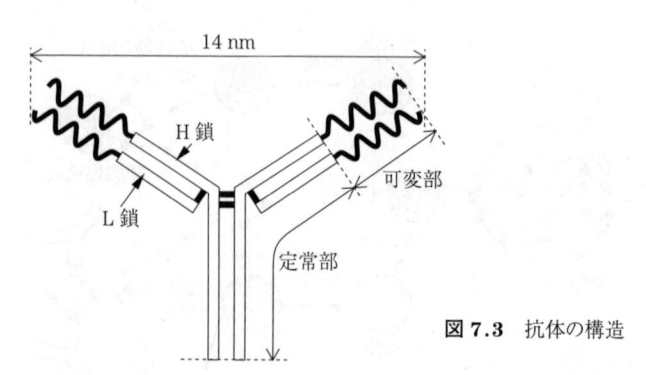

図7.3 抗体の構造

　抗体分子の可変部は抗原の特定の部分と結合する。この反応を抗原抗体反応という。タンパク質が抗原の場合，抗体と反応する部分は数個〜数十個のアミノ酸からなり，1種類のタンパク質には複数の反応部位がある。このようなタ

ンパク質を抗体を含む血清に加えると，巨大な複合体を作って沈殿する（図 **7.4**）。生体内ではこのような集合体はマクロファージの食作用を受けて処理される。

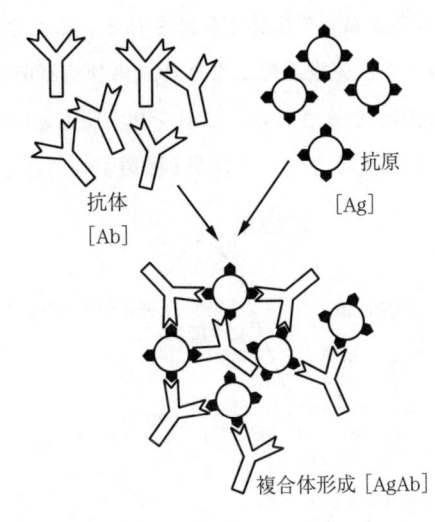

図 **7.4** 抗原抗体反応

この抗原抗体反応を定量的に取り扱う。この反応は，抗原（Ag），抗体（Ab）を単なる化学物質とみなすとつぎのようになる。

$$\text{Ag} + \text{Ab} \longleftrightarrow \text{AgAb} \tag{7.1}$$

式(7.1)は可逆反応なので式(7.2)のような化学平衡式が得られる。

$$K_A = \frac{[\text{AgAb}]}{[\text{Ag}][\text{Ab}]} \tag{7.2}$$

ここで，K_A は親和定数で両者の親和度（結合度）を表す。抗体が抗原に対して大過剰存在した場合

$$\frac{1}{K_A} = [\text{Ag}] = K_D \tag{7.3}$$

となり，これは抗原の半数が遊離し，半数が複合体形成していることを示す。式(7.3)よりこの値は親和定数の逆数であり，この値は結合定数 K_D として定義される。抗体のセンサー素子として用いる場合，検出限界は結合定数に大きく依存することになる。つまり，結合定数よりも抗原濃度が小さい場合，抗原

が抗体にほとんど結合できないので検出することができないことを意味する。

予防接種は，一度ある病気にかかると，二度と同じ病気にかからないという原理を利用している。まず，無毒化した病原菌（ワクチンと呼ぶ）を摂取する。すると，生体内で異物（抗原）を認識して抗体が生産される。これを抗体の1次反応と呼ぶ（**図7.5**）。このとき，免疫記憶がなされ，再び病原菌が侵入すると，1次反応よりも大量に抗体が生産される。これを2次反応と呼ぶ。T細胞の細胞膜には，特定の抗原と反応するタンパク質が1種類ずつ結合している。

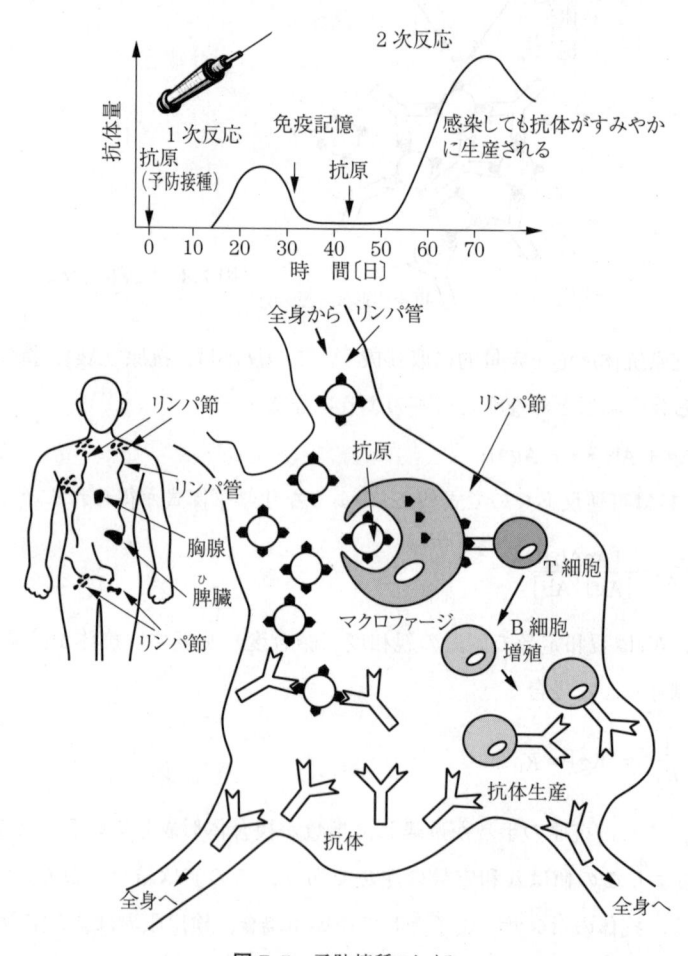

図 7.5　予防接種のしくみ

したがって，T細胞の種類は各抗原に対応して無数にある。体内に侵入した異物は，マクロファージに取り込まれ，T細胞に抗原と認識される。抗原を認識したT細胞は増殖して，リンパ節中の特定のB細胞を刺激する。B細胞の種類によってつくる抗体が異なっていて，刺激されたB細胞は増殖し，1種類のB細胞は1種類の抗体をつくる。動物などに抗原を摂取すれば目的の抗体を生産することができる。

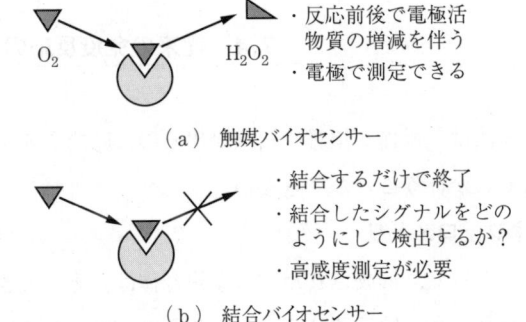

7.3 触媒バイオセンサーと結合バイオセンサー

　酵素センサーや微生物センサーは，反応前後で電極活物質の増減を伴う触媒反応である。触媒反応の場合，一つの酵素が1秒間に数万個の反応を触媒するので，増幅作用があり検出は容易である。このようなタイプのバイオセンサーを，触媒バイオセンサーと呼ぶ（**図7.6**(a)）。これに対して，多くの生体分子の相互作用では，2種類の分子が結合しただけで反応が終了する（生体内の反応であれば，つぎのアクションが生じる）。しかも，反応量も微量である。このようなタイプのバイオセンサーを，結合バイオセンサーと呼ぶ（図(b)）。結合バイオセンサーの場合には，結合したシグナルをどのようにして検出するかが課題となる。しかも，高感度検出が必須である。これは，**図7.7**に示すように，グルコース，コレステロール，乳酸，尿酸，ナトリウムイオン，カリウ

（a）触媒バイオセンサー
- 反応前後で電極活物質の増減を伴う
- 電極で測定できる

O_2 → → H_2O_2

（b）結合バイオセンサー
- 結合するだけで終了
- 結合したシグナルをどのようにして検出するか？
- 高感度測定が必要

図 7.6 触媒バイオセンサーと結合バイオセンサー

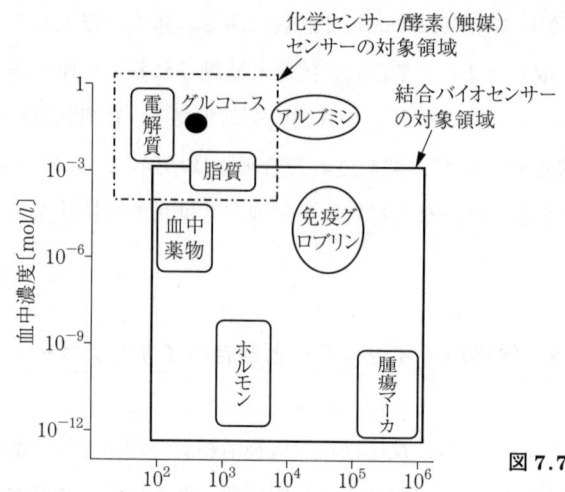

図 7.7 臨床生化学検査の分析対象成分の血中濃度

ムイオンなどの生体試料には，少なくとも 10^{-3} mol/l レベルの高濃度で存在する。これらの検出に関しては，化学センサーや酵素センサーが開発されている。これに対し，免疫反応を対象とする生体物質は低濃度であり，しかも分子量も低分子から高分子まで広範囲にわたっている。

このような理由で，3〜6章で述べた触媒バイオセンサーは古くから提案され，実用例も多い。しかし，一方で結合バイオセンサーの実用化は1990年以降から活発になった。7.5節以降で，代表的な結合バイオセンサーである表面プラズモン共鳴バイオセンサーについて述べる。

7.4 従来の免疫反応の測定方法

以下のような方法は，操作が煩雑で結果が出るのに時間を要する。また，設備の整った場所でしか行うことができない。

〔1〕 レーザネフェロメトリ

抗原抗体反応によって，形成された大きな複合体は，その大きさが光の波長を超えるようになり，光を散乱させる。レーザネフェロメトリはこの性質を利用している。図7.8に一般的な測定系を示す。He-Neレーザ（632.8 nm）光

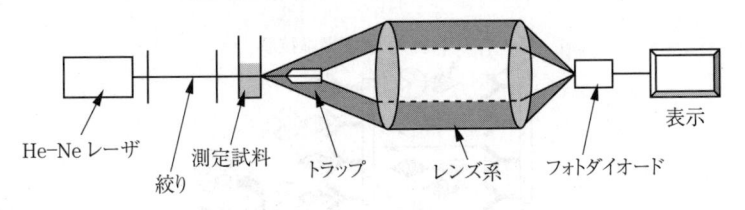

図 7.8 レーザネフェロメトリの測定系

を試料に照射し，散乱強度の最も強い角度での波長変化を伴わない散乱光を測定して結合物量を定量する．

〔2〕 免 疫 拡 散 法

抗体を含んだゲルをスライドやペトリ皿に入れ，既知量の血清を隔壁の中に満たす．抗原は，隔壁の外に拡散し，抗体により沈降輪を作る．この輪は，**図7.9**に示すように血清中の抗原濃度が高いほど大きくなるので，既知の標準血清による輪と比較すれば，試料の血清中の抗原量が測定できる．これが免疫拡散法である．

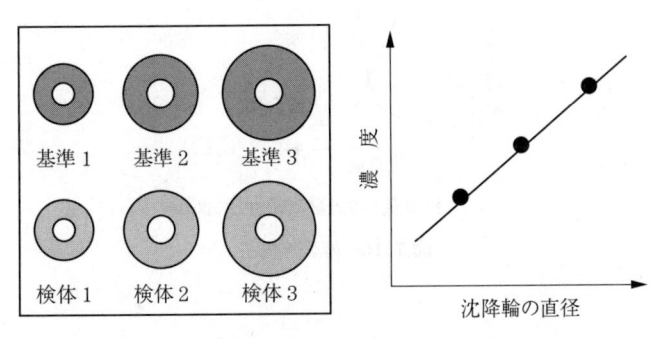

図 7.9 免疫拡散法

〔3〕 酵 素 抗 体 法

酵素抗体法には競合反応方式とサンドイッチ方式がある．**図7.10**(a)に示すように競合反応方式は，プラスチック基板に抗体を固定化し，測定したい試料（抗原）と酵素で標識した抗原を競合反応させる．表面で反応した標識抗原の量を酵素の活性度で調べる．これは，酵素反応によって色変化を起こす発色試薬と一定時間反応させ，発色度合いを数値化する．試料内の抗原の量が多い

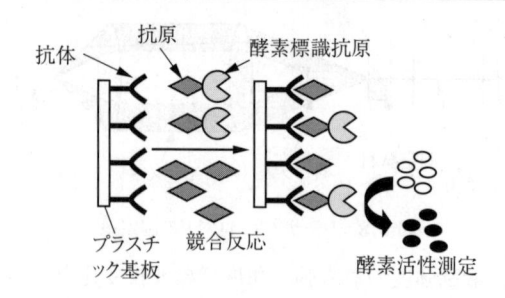

(a) 競合反応方式

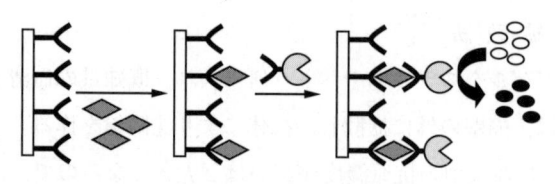

(b) サンドイッチ方式

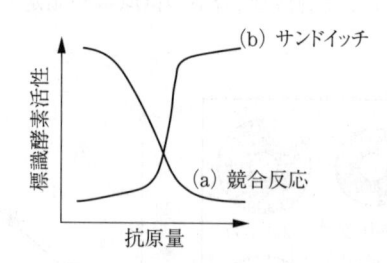

(c) 抗原量と標識酵素活性との関係

図 7.10　酵素抗体法

と標識抗原が結合する量が少なく，逆に試料の抗原量が少ないと標識抗原の結合量が多くなる。その関係は，図(c)に示すとおりである。サンドイッチ方式は，図(b)に示すようにプラスチック基板に抗体を固定化し，抗原試料と反応させる。つぎに，酵素で標識した抗体と反応させ，2回の抗原抗体反応を起こさせる。あとは，同様に表面で反応した標識抗体の量を酵素の活性度で調べる。この方式の場合，抗原の量が多いほど標識酵素の活性が大きくなる。この関係は，図(c)に示すように競合方式と逆になる。

[4] ラジオイムノアッセイ

酵素を標識する代わりに，放射性同位体元素で標識された抗体を用いる方法もあり，ラジオイムノアッセイと呼ばれる（**図7.11**）。放射性同位体には，I^{125}がよく利用される。

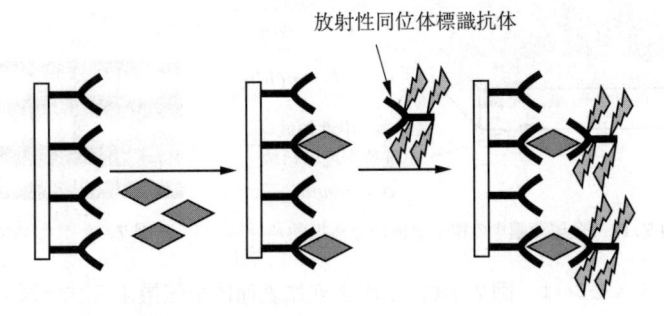

図7.11 ラジオイムノアッセイ

7.5 表面プラズモン共鳴現象

表面プラズモン共鳴バイオセンサーは，1983年にB. Liedbergらによって初めて報告され[†]，1990年にスウェーデンのBiacore社によって初めて製品化された。7.5節ではまず，表面プラズモン共鳴について説明する。

図7.12に示すような金属薄膜を考える。金属中には，自由電子が多く存在する。図中の網かけ部分が自由電子，＋は原子核である。自由電子集団は，一様に上向きに短い距離uだけ移動したとする。この結果，図に示すように表面電荷密度$-neu$が上表面に，$+neu$が下表面に生じる。ただし，nは電子密度である。そして，金属内に電場$E = neu/\varepsilon_0$が生じる。この電場は電子集団の変位を平衡状態に戻そうとする。平衡状態に戻った電子集団は，再び一様に下向きに変位する。この繰り返しにより，電子集団は周期的に振動することになる。プラズマ振動は，**図7.13**に示すようにこの自由電子の集団的な縦波の励起である。プラズモンはプラズマ振動の量子として定義される。

[†] B. Liedberg, C. Nylander and I. Lungström : *Sens. Actuators*, **4**, 299 (1983)

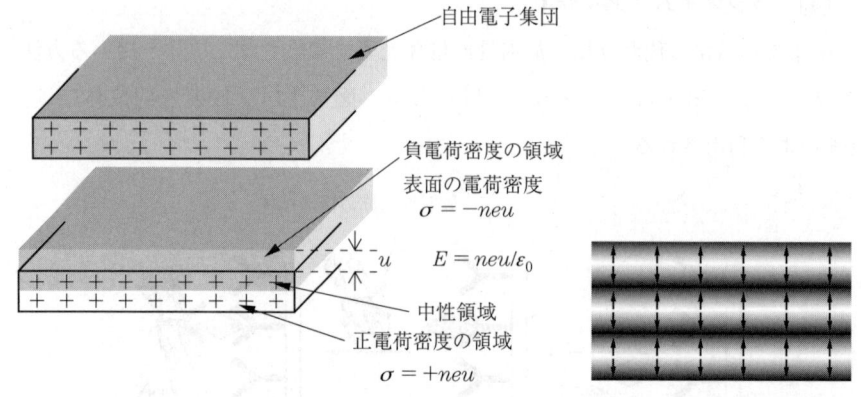

図7.12 金属薄膜中の電子集団の分極振動　　**図7.13** プラズマ振動

表面プラズモンは，**図7.14**に示すように表面内を伝搬するプラズモン波である。表面内は，電子集団の振動により伝搬されるが，面に垂直な方向は減衰モードになり伝搬しない。それは，式(7.4)によって表示される。

$$E_z(x, z, t) = E_0 \exp[j(K_x - \omega t)] \exp(-K_z z) \tag{7.4}$$

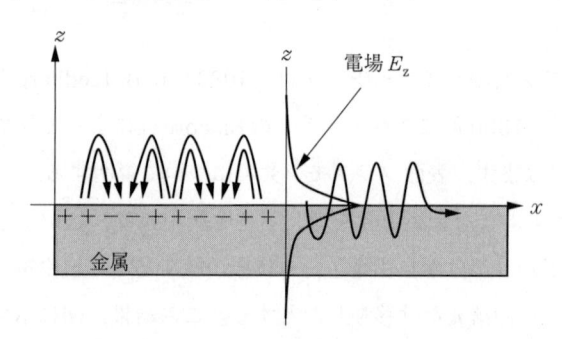

図7.14 表面内を伝搬するプラズモン波

表面プラズモン共鳴は，光波と表面プラズモンの共鳴によって起こる物理現象である。表面プラズモン共鳴を発生させるためには，電子を集団的に励起させればよいので，光（電磁波）を金属表面に入射すればよい。しかし，光をそのまま金属表面に入射しても，表面プラズモンは共鳴を起こさない。これは，波の進む速度とプラズマ波の進む速度が異なるためである。光の分散関係は

$$K_E(\omega) = \frac{\omega}{c}\sqrt{\varepsilon_S} \tag{7.5}$$

7.5 表面プラズモン共鳴現象

プラズモンの分散関係は

$$K_{\mathrm{SP}}(\omega) = \frac{\omega}{c}\sqrt{\frac{\varepsilon_{\mathrm{m}}\,\varepsilon_{\mathrm{S}}}{\varepsilon_{\mathrm{m}}+\varepsilon_{\mathrm{S}}}} \tag{7.6}$$

で表される。ε_{m} は金属の複素誘電率，ε_{S} は金属に接する媒質の誘電率である。

これより，表面プラズモンの進行速度は光速より必ず小さい。すなわち，同じ振動数に対して，表面プラズモンの波数は光波の波数よりつねに大きい（図 7.15(a)）。

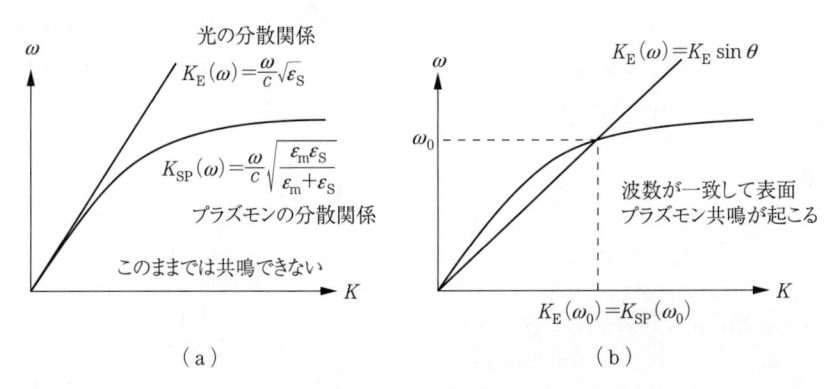

図 7.15 分散関係

光により表面プラズモンを共鳴させるためには，普通に伝搬する光よりも遅い速度で走る光が必要となる。このような条件を満たすのは，エバネッセント波である。エバネッセント波は，高屈折率プリズムに光波を全反射角で入射したときに，プリズムの外側にしみ出してプリズム表面上を伝搬する光の表面波であり，その境界面から離れるに従って振幅が減衰する表面電場が発生する。この表面エバネッセント場は，プラズマ波と似た性質をもっており，境界面に沿った方向の進行速度が普通の伝搬光より遅い。つまり，その波数ベクトル K_{E} がプリズム外側の物質中を伝搬する光波の波数ベクトル K_{E} よりも大きいために図(b)に示すように両者の波数が一致して表面プラズモン共鳴が起こる可能性がある。

前述の原理で，光波で表面プラズモンを励起できる光学系のうち，バイオセンサーへの応用の観点から実用性が高い系は **Kretschmann** 配置と呼ばれる系

で，構成図を**図7.16**に示す。この系は，高屈折率プリズムの一面に金属薄膜をコーティングし，この金属を測定試料と接触させる構造をもつ。光波をプリズム側から金属薄膜へ全反射角以上で入射させ，反射強度Rを測定する。金属が十分に薄い場合，エバネッセント波は，金属を透過して，サンプル中に電界分布をもつ。適当な角度θで光を金属に入射すると，エバネッセント波によって，金属薄膜－測定試料界面に表面プラズモンを励起することができる。入射角θと反射率Rをプロットすると**図7.17**に示すような共鳴曲線が得られる。表面プラズモン共鳴が起こった場合，光のエネルギーは表面プラズモン波に移動することによって反射率が減少する。以上が，表面プラズモン共鳴の原理であり，純粋な物理現象である。

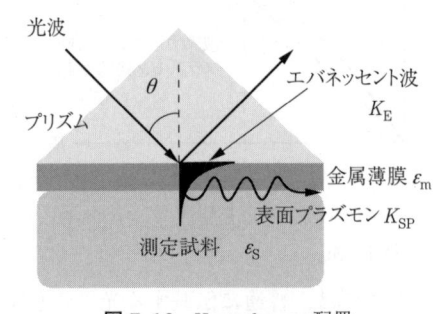

図7.16 Kretschmann配置

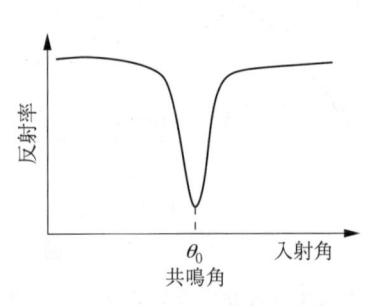

図7.17 表面プラズモン共鳴曲線

7.6 表面プラズモン共鳴バイオセンサーの構成と原理

7.5節では，表面プラズモン共鳴の物理的原理を述べた。7.6節では，この表面プラズモン共鳴がどのようにバイオセンサーに用いられるかを述べる。

表面プラズモン共鳴は，光の入射角θのほかに金属に接している媒質の誘電率（または屈折率）ε_Sにも依存する。したがって，この媒質で生体分子の相互作用を起こせば，媒質の屈折率が変化し共鳴角の変化となって検出できる。実際の測定系は**図7.18**が考えられる。ここで，生体分子の相互作用は抗原抗体反応である。レーザ光をp偏光させて多方向から入射させ，各方向からの入

7.6 表面プラズモン共鳴バイオセンサーの構成と原理

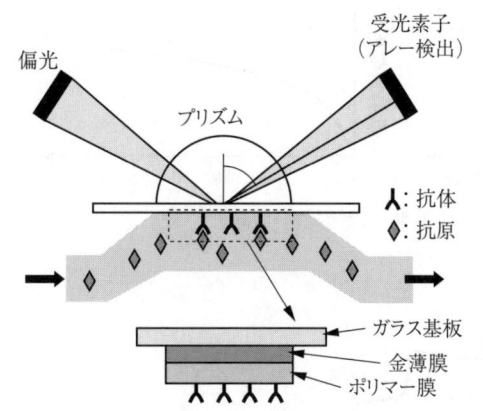

図7.18 表面プラズモン共鳴バイオセンサーの実際の測定系

射光に対応する角度の反射光をアレー検出器で同時に空間分解検出する。この方法は，角度走査をゴニオメータなどのような機械的な方法で変化させることなしに共鳴角を得ることができるので装置の設計構成が容易になり，実用的なセンサーデバイスを得ることができる。

センサーチップの構造は，図7.18に示すように金属薄膜上に抗体（生体物質）を固定化する。光波は反対側で全反射するが，そのときわずかに光波がしみ出しており，先に述べた金属に接する媒質がこのしみ出した光の領域となる。この領域をエバネッセント領域と呼ぶ。エバネッセント領域は，光の波長の半分以下であるので数百nm程度である。したがって，共鳴角変化を起こさせる媒質の屈折率変化を起こさせるには，金属表面から数百nmでなければならない。例えば，図7.18に示すようにポリマー膜を介して抗体固定化を行う方法がある。測定には，センサーチップを含むフロー系によってなされる。抗体をチップに固定化した後，抗原溶液を流す。そのときの共鳴角の時間変化を記録する。**図7.19**のような測定データが得られる。すなわち，共鳴角のピークを共鳴曲線から検出するのと同時に，共鳴角変化を時間の関数で表示する。通常生体分子の相互作用は，遅い反応であるので，共鳴角変化のサンプリング時間は1秒で十分である。

図7.20には，ヒトアルブミン（抗原）と抗ヒトアルブミン・ヤギIgG（抗体）との相互作用のデータである。共鳴角変化の速度の違いから濃度を算出す

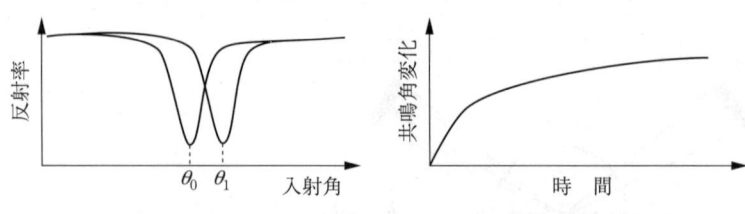

図 7.19 表面プラズモン共鳴バイオセンサーの測定データ

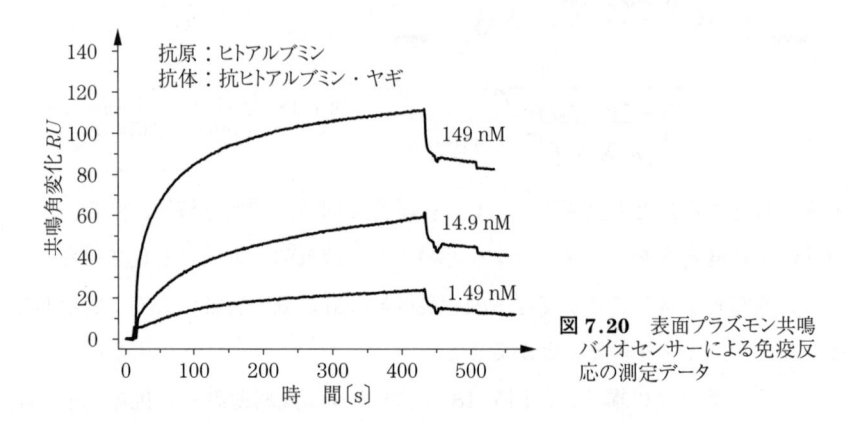

図 7.20 表面プラズモン共鳴バイオセンサーによる免疫反応の測定データ

ることができる．共鳴角変化の速度は，物質輸送力に依存し，物質輸送力は濃度に比例するためである．検出限界は，おもに装置の共鳴角変化検出の分解能に依存する．通常は，$10^{-3} \sim 10^{-2}°$ 程度である．

7.7 表面プラズモン共鳴バイオセンサー装置

　先にも述べたように，表面プラズモン共鳴バイオセンサーは，1990年にBiacore社が製品化したことに始まり，現在では，Affinity Sensor社，IBIS Technology社，日本レーザ電子社，Texas Instruments社などから製品化されている．7.7節では，Biacore社のバイオセンサーについておもに解説する．
　図7.21は，Biacore社の装置（Biacore2000）の写真である．本体は，幅76 cm，奥行35 cmのコンパクトな一体構造である．操作は，一般のパーソナルコンピュータで制御する．本体の左側が装てんしたセンサーチップで，相互作用をモニタする測定モジュール，右側下が2本のシリンジポンプからなるマ

7.7 表面プラズモン共鳴バイオセンサー装置

図 7.21 Biacore 社製の表面プラズモン共鳴バイオセンサーの装置

イクロ流路系への送液モジュールである。センサーチップは，**図 7.22**のような外観であり，本体に容易に挿入できる。試料および試薬などは右側上のサンプルラックに装てんする。付属のコンピュータからの指示により，指定した試料をオートサンプラを用いて自動的に一定の流量でセンサーチップに沿って注入する。測定系は，温度調整されている。光源は，波長760 nmの半導体レーザが用いられている。この装置は，0.001°の共鳴角変化を検出できる。0.1°の共鳴角変化は，センサーチップ表面でのタンパク質の約1 ng/mm^{2}の質量変化に相当する。

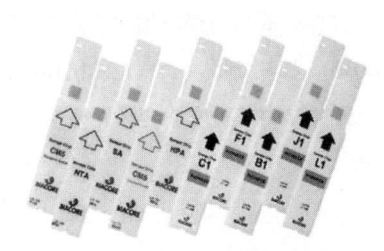

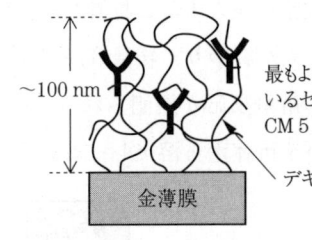

最もよく利用されているセンサーチップ CM 5 の構造

デキストラン

金薄膜

図 7.22 Biacore 社製のセンサーチップ

センサーチップは，カルボキシメチルデキストラン薄膜がチオール基によって金薄膜に結合した構造をしている。抗体などの固定化には，まず，N-エチル-N'-(3-ジメチルアミノプロピル)カルボジイミドヒドロクロリド（EDC）と N-ヒドロキシコハク酸イミド（NHS）で処理し，デキストランのカルボキシメチル基を活性化してアミノ基を介して抗体（タンパク質）を固定化する。**図 7.23** に示すように抗体を固定化後，活性基を不活性化させるためにメタノールアミンで処理する。

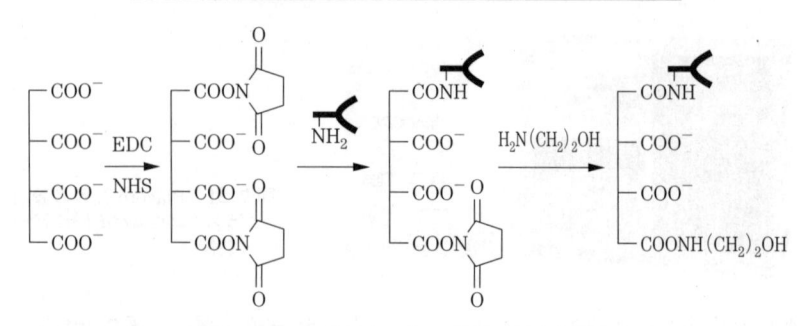

図 7.23 センサーチップへの抗体の固定化方法

　その他，ストレプトアビジン・ビオチンの反応を利用して間接的に目的分子をセンサーチップに固定化するチップ，ヒスチジンタグをつけた組換えタンパク質をニッケル錯体により固定化できるチップ，炭層の脂質膜を形成することができる疎水性表面をもつチップなどがある。固定化するタンパク質は50～100 μg/mlの濃度の試料が100 μlあれば足りる。

　図7.24に典型的なセンサーグラムを示す。抗体を固定化したセンサーチップ表面に，抗原を注入すると特異的結合反応に伴い共鳴角が増加する。設定時間後抗原の注入が終わり，緩衝液が流れ始める。ここでは，いったん抗体に結合した抗原の解離反応が観測される。最後に，pHや塩濃度を変えたりして残っている抗原を抗体から溶出し，センサーチップを再生する。これが1サイク

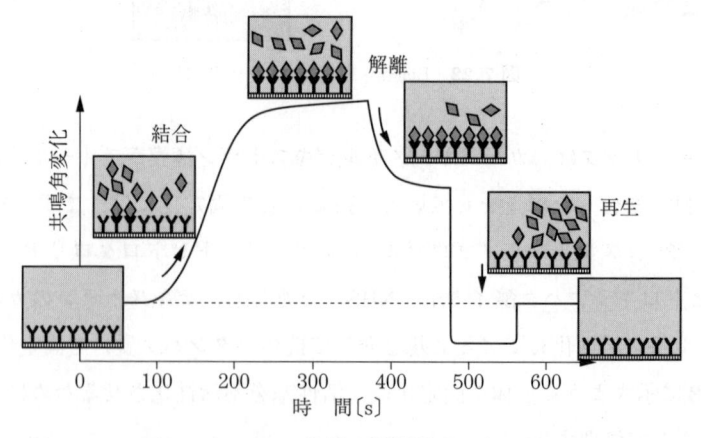

図 7.24 Biacore 装置の典型的なセンサーグラム

7.7 表面プラズモン共鳴バイオセンサー装置

ルの実験である。再生されたチップには繰り返し抗体を結合することができる。センサーチップは，おおよそ数十回から数百回使用できる。1サイクルの測定時間が10〜20分，抗原の使用量は，nM〜mM濃度のものが50〜100 µlである。

データ解析について述べる。A，B，2分子間の結合，解離は以下の反応で表される。

$$A + B \underset{k_d}{\overset{k_a}{\rightleftarrows}} AB \tag{7.7}$$

ただし，k_aは結合速度定数（$l/(\text{mol·s})$），k_dは解離速度定数（s^{-1}）である。結合定数 K_D〔mol/l〕は

$$K_D = \frac{k_d}{k_a} \tag{7.8}$$

のように表される。このK_Dは，式(7.3)で定義した結合定数と同じである。従来の溶液反応では，A，Bの濃度はAB複合体の形成に伴い減少するために，どちらか片方の濃度を大過剰にして，その減少量を無視し，擬似1次反応として取り扱う。このセンサーでは，抗体(B)の量は固定化量として一定であり，また抗原(A)濃度も送液によって一定に保たれるのでAB複合体形成は式(7.9)で与えられる。

$$\frac{dR}{dt} = k_a C (R_{\max} - R) - k_d R \tag{7.9}$$

ただし，$R_{\max}$は共鳴角の最大変化量（抗原の最大の結合量を示す），Rはある時間の共鳴角，Cは抗原のモル濃度である。測定データを式(7.9)に当てはめることで求めることができる。

このような解析法は，表面プラズモン共鳴バイオセンサーの大きな特徴である非標識，実時間で測定できるため可能になった。これまで，分子間の相互作用は結合定数K_Dのような平衡状態の「静的」なパラメータしか評価できなかったが，この装置によって結合速度定数k_aや解離速度定数k_dのような「動的」なパラメータも評価できるようになった。例えば，**図7.25**に示すようにk_aの

図7.25 反応速度論データ

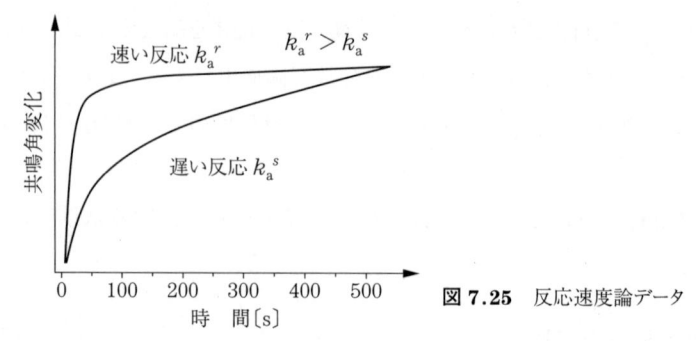

違いによるセンサーグラムの違いである。k_aが大きいほどセンサー応答速度が速いことがわかる。

7.8 さまざまな免疫センサー

　酵素を換えることでさまざまな酵素センサーを得ることができたように，抗体を換えることでさまざまな免疫センサーが実現できる。酵素センサーと異なり免疫センサーの場合は，どのような抗体であってもセンサーを構築できる。抗体だけではなく表7.1に示したようにDNAや受容体なども利用できる。
　しかし，抗体の特徴は，基本的に抗原性のある物質であればどのような抗体も作製できることである。図7.26には動物を利用した抗体の作製方法を示す。抗原を動物に注射して，ある時間をおいてから採血して，血清を分離すればよい。さらにアフィニティクロマトグラフィなどで精製するとより高性能な分子識別素子になり得る。
　低分子は抗原となることはできないが，これを高分子と結合させることで低分子の抗体を作ることができる。この抗体と結合する低分子をハプテンと呼ぶ。また，ハプテンと結合させる高分子を担体分子と呼ぶ。このような方法で，農薬やダイオキシンなどの環境負荷物質に結合する抗体が作製され，センサー素子として利用されている。
　抗原となる物質は，抗原となる部位を多数そろえているためにさまざまな種類の抗体が混在した血清が生産されるのでポリクローナル抗体と呼ぶ。図

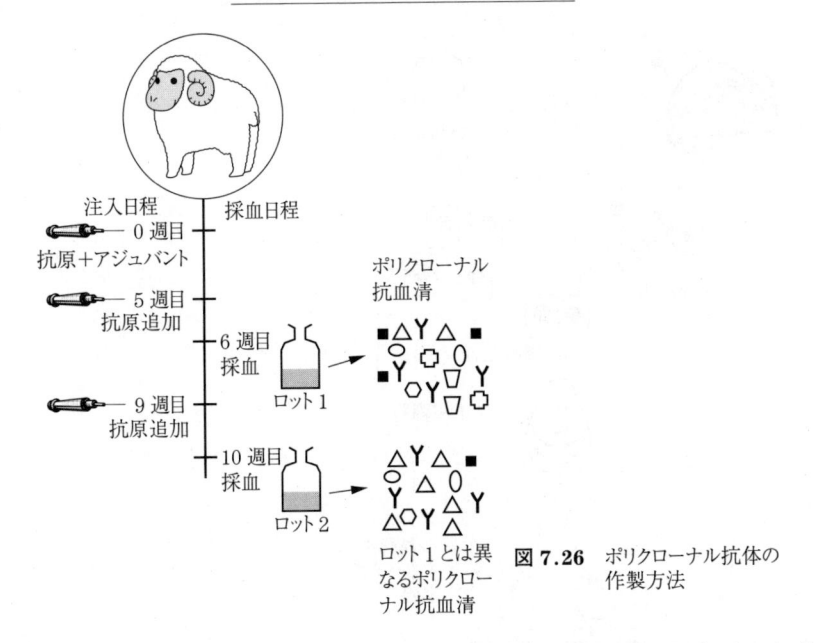

7.8 さまざまな免疫センサー

図 7.26 ポリクローナル抗体の作製方法

図7.26に示したようにポリクローナルでは同一の抗体を作製することはできず，ロットによって特性が異なる。このような背景から同一の抗体を作製する方法が開発されている。図7.27に示すようにこのような抗体はモノクローナル抗体と呼ばれる。モノクローナル抗体はポリクローナルと異なり，無制限に生産できる，固有の特異性があるなどの利点があり，臨床検査や研究の両方に有用である。当然，モノクローナル抗体を分子識別素子として用いた場合には高性能なセンサーを実現できる。

すでに述べたように従来の抗体は，酵素と異なり抗原と結合したらそれで終わりである。ところが，酵素と同じように触媒活性をもつ「触媒抗体」と呼ばれるものが開発されている。図7.28に示すように遷移状態アナログと呼ばれる物質を用意し，それをハプテンとして抗体を作製する。モノクローナル抗体の手法により作製される。酵素が基質に結合してエネルギーの最も高い不安定な状態になる。これを遷移状態と呼ぶが，遷移状態アナログとは，この遷移状態と類似の化学構造をもつ安定な物質のことである。この手法により目的の酵素を自由に作製できればバイオセンサーの可能性がさらに広がると考えられる。

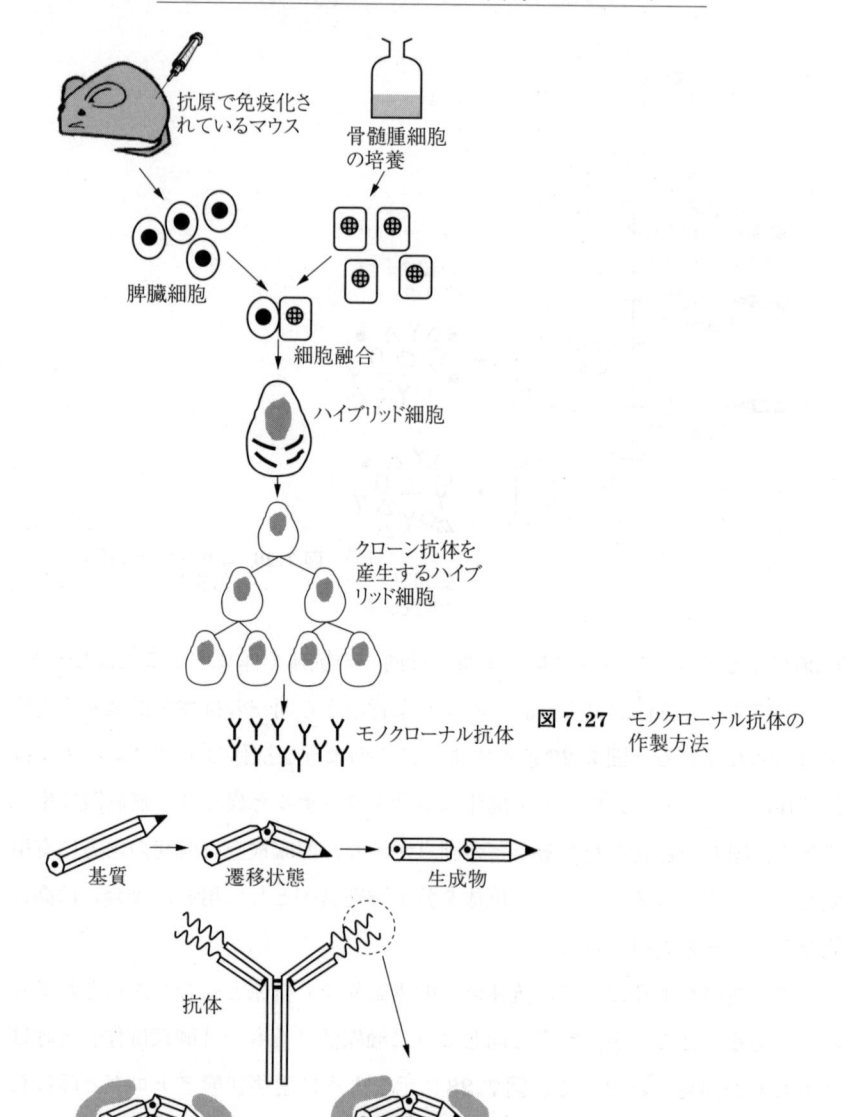

図 7.27　モノクローナル抗体の作製方法

図 7.28　触媒抗体の概念図

8 水晶振動子バイオセンサー

8.1 はじめに

7章では，免疫反応などの生体分子の相互作用を検出する表面プラズモン共鳴バイオセンサーについて述べた。免疫反応は酵素反応と異なり，触媒作用を伴わない「結合バイオセンサー」による検出が必要である。8章では水晶振動子を利用する結合バイオセンサーについて述べる。

8.2 水　　　晶

時計に使用される水晶（クォーツ）も結合バイオセンサーの信号変換素子として利用される。水晶は，無色透明できらきら輝くガラスのような物質である。化学的には単結晶の石英で化学式が SiO_2 である。単結晶は，分子が規則正しく配列した構造をもつ固体である。この単結晶水晶の多くは人工的に合成（正確には育成と呼ぶ）される。原料となる SiO_2 を高温高圧状態で溶解させ，その中に原料の小さい水晶を種として，育成させることで得られる。単結晶であるので，分子が配列する方向によって性質が異なる。これを異方性という。

図8.1には，水晶の基本座標軸を示す。Z 軸のまわりで120°ごとに同じ結晶面が現れる。X 軸のまわりで180°ごとに同じ結晶面が現れる。この水晶に図8.2のようにある方向から機械的圧力をかけると，結晶内の正電荷と負電荷の相対的な位置関係が変化し，分極が生じる。その結果，正電荷と負電荷が結

図 8.1 水晶の基本座標軸

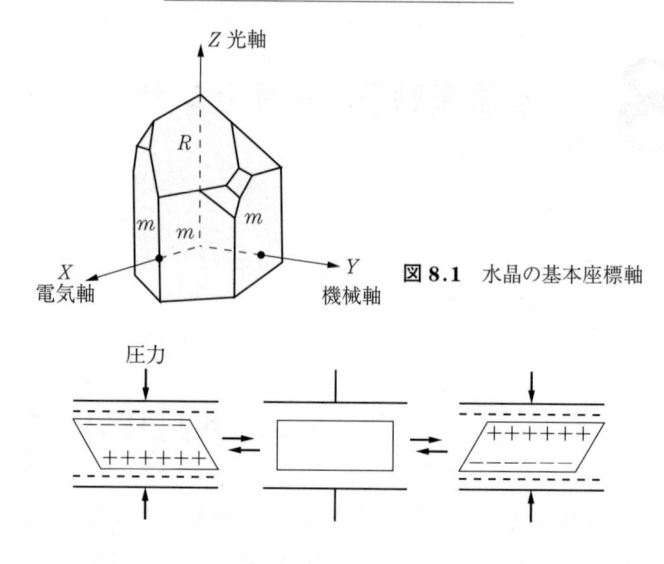

図 8.2 圧電効果

晶表面のある一対の端面に発生する。分極の大きさは加えた圧力の大きさに比例する。この現象を圧電効果と呼ぶ。逆に，**図 8.3**のように結晶の上下に電極を取り付けて電圧を加えると正電荷は負の電極へ，負電荷は正の電極へ移動する。これを，逆圧電効果と呼ぶ。

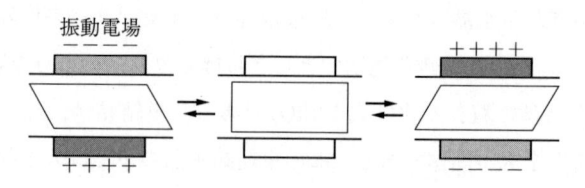

図 8.3 逆圧電効果

このような逆圧電効果を利用して水晶板の両面に電極を取りつけて電圧をかけひずみを生じさせる。つぎに電圧の印加を停止するとひずみが元に戻り，逆に電極間に電圧が発生する。この電圧は再びひずみを発生させ，これが一定の周期の振動となって繰り返される。ただし，このままでは，摩擦抵抗によって振動は減衰してしまうので，電極の電圧を検出して負帰還をかけ，再び電圧を印加して，連続的な振動を行わせると，水晶振動子固有の精度の高い周波数の

信号を引き出すことができる。このような水晶振動子は，きわめて安定な振動数を得ることができるので，時計，通信機器，コンピュータなどの周波数制御素子として利用されている。

水晶にどのような方向から電圧を印加して，どのような周波数が発生するかもある程度わかっている。バイオセンサーに利用される水晶は，Z軸に対して35°15′の角度で切り出された結晶面が利用される。この切り出しかたはATカットと呼ばれる。ATカットでは，常温付近で基本振動数がほとんど一定で温度制御をしなくても実用に耐え得る特性を得ることができる。

図8.2のような厚みすべり振動をする水晶振動子の基本周波数Fは，振動子の厚さdに反比例し，式(8.1)のような関係になる。

$$F = \frac{N}{d} \tag{8.1}$$

ここで，Nは振動数定数で，ATカットの場合167 kHz·cmである。一定の基本振動数の水晶振動子は，水晶を研磨して厚さを調整する。例えば，9 MHzの水晶振動子は，約0.19 mmの厚さにすればよい。

8.3 微量天秤

1959年にG. Sauerbrey[†]は，式(8.1)において，水晶振動子の厚さdがΔdだけ厚くなると，振動数がΔFだけ変化することを発見した。

$$\frac{\Delta F}{F} = -\frac{\Delta d}{d} \tag{8.2}$$

式(8.2)を水晶振動子の質量M，表面積A，密度ρに置き換えると

$$\frac{\Delta F}{F} = -\frac{\Delta M}{dA\rho} \tag{8.3}$$

が得られる。この式は，水晶振動子の厚さが変化して，質量が変化することを意味する。この関係は，厚みすべり振動をする水晶振動子に当てはまり，水晶

[†] G. Sauerbrey：*Z. Physik*, **155**, 206（1959）

振動子の表面上に一様に付着した物質に対しても成り立つので，式(8.1)より

$$\frac{\Delta F}{F} = -\frac{\Delta m F}{NA\rho} \tag{8.4}$$

を得た。この式にATカットの水晶振動子の振動数定数と密度（2.65 g/cm³）を導入すると基本振動数Fの水晶振動子上の表面積Aに質量Δmが付着することで生じる振動数変化ΔFは式(8.5)のようになる。

$$\frac{\Delta F}{F} = -2.3 \times 10^{-3} F^2 \frac{\Delta m}{A} \tag{8.5}$$

式(8.5)は，例えば10 MHzの水晶振動子の1 cm角の電極上に物質が均一に付着した場合，1 ngの物質の付着により振動数が1 Hz変化することを意味する。したがって，水晶振動子が微量天秤として利用できることを示唆した。

8.4　水晶振動子バイオセンサーの構成と原理

水晶振動子をセンサーとして利用するには，図8.4のような構成が考えられる。所定の大きさに切り出された水晶の両面に電極薄膜を形成させる。薄膜形成には，真空蒸着やスパッタリングが利用される。両面の電極をリード線から，発振回路，受信回路（増幅器，周波数カウンタからなる）に接続する。

ガスセンサーとして利用するには，電極を有機薄膜などでコーティングし密閉中で測定試料を流し，大気中の化学成分が有機薄膜に付着することによって

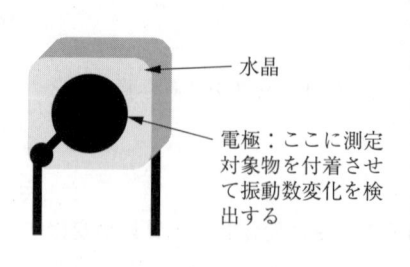

図8.4　センサーとしての利用

8.4 水晶振動子バイオセンサーの構成と原理

生じる周波数変化を検出することで測定する（**図8.5**）。湿度や炭化水素ガスの検出は容易にできる。有機薄膜を工夫することにより特定の化学成分を吸着させることができれば、選択性の優れたガスセンサーを作製できる。

電極表面にガス分子を付着させる

図8.5 水晶振動子ガスセンサー

水晶振動子がバイオセンサーに利用されるようになったのは1980年代以降である。その理由は、それまで大気中でしか水晶が発振できないと考えられていたからである。しかし、片面のみに溶液が接しているのであれば水晶は発振するということが野村ら[†]やP.L. Konashら[††]によって報告されて以来、水溶液中でのイベントである生体分子の相互作用の検出、すなわちバイオセンサーとして利用されるようになった。水晶振動子のセンサーとしての利用は、**図8.6**に示すように生体分子の特異的相互作用を電極表面で行わせることである。特異的な相互作用によって電極表面での質量が変わり、周波数の変化として検出できる。ただし、片面を水溶液中に浸すために、図のようなセルが利用されている。**図8.7**には、測定系の概略図と水晶を発振させる回路図を示している。**図8.8**には抗原抗体反応によるセンサーグラムである。抗原溶液を流すとセンサーの表面で抗原抗体反応が起こり質量が増加し、共振周波数が徐々に下がっていく。この下がる速度が抗原の濃度に依存する。センサー表面に固定化された抗体すべてに抗原が結合するとセンサー応答は定常状態になる。つぎに、洗浄溶液に切り替える。洗浄溶液は、pHが3以下の酸性であるので抗原抗体反応によって生じた複合体から抗原が解離する。センサー応答はこのとき大きく落

[†] 野村俊明, 嶺村昭子：日本化学会誌, 1 621（1980）
[††] P.L. Konash and G.J. Bastiaans：*Anal. Chem.*, 52, 1 929（1980）

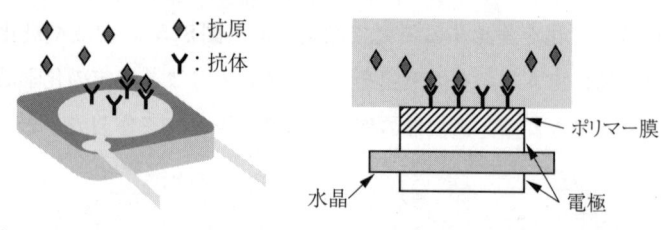

(a) 電極表面に生体分子を固定化し特異的結合反応を行う　　(b) 水晶表面での生体分子の特異的相互作用を断面からみた様子

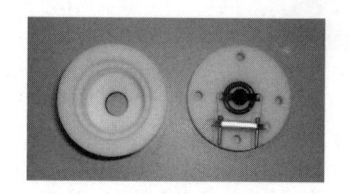

(c) 測定用セル

図 8.6 水晶振動子バイオセンサー

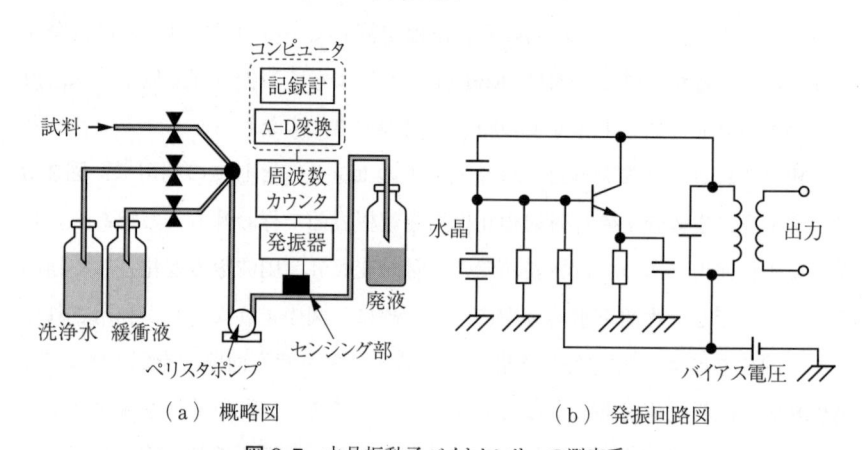

(a) 概略図　　(b) 発振回路図

図 8.7 水晶振動子バイオセンサーの測定系

ちるがこれは溶液の粘性が変わったためである。水晶振動子の共振周波数は，溶液の粘性や導電率に依存するので，再現性あるデータを得るには，特異的反応を同じ組成の溶液で行うことが望ましい。再び通常の溶液に戻すとベースラインが回復し，抗原溶液を流すと再びセンサー応答が生じる。このように抗体に活性があり，センサー表面から脱離しない限り何回でも測定することができる。

電極上の抗体が被覆されていない部分に抗原が直接付着するという非特異

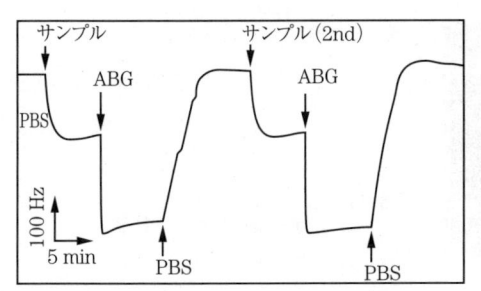

8.4 水晶振動子バイオセンサーの構成と原理

抗原：ヒトアルブミン
濃度：0.1 mg/ml
PBS：pH 7.5, 0.1 M リン酸緩衝液
ABG：pH 2.4, 0.1 M グリシン-塩酸緩衝液

図8.8 水晶振動子バイオセンサーのセンサーグラム

吸着によってもセンサー応答がある（**図8.9**）。生体高分子ではこのような誤応答がしばしば生じる。対策としては，抗体を固定化後，別のタンパク質を意図的に吸着させたり，固定化膜を負イオン化して吸着量を少なくするなどがなされている（**図8.10**）。

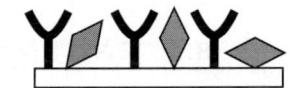

図8.9 非特異的吸着

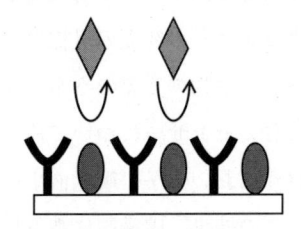

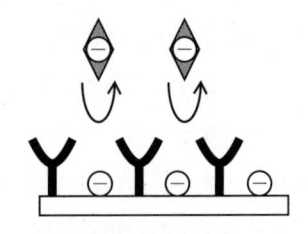

(a) タンパク質を吸着させる　　(b) 表面に負電荷を導入する

図8.10 非特異的吸着の対策

水晶振動子を使用したバイオセンサーは，1999年にイニシアム社によって商品化されている（**図8.11**）。本体は，幅20 cm，厚さ30 cm，高さ29.3 cm，重量7 kgで卓上に設置できる。測定は，パソコンで制御する。測定系は，温度制御，冷却，加熱，攪拌できるようになっている。水晶振動子は，固有周波数27 MHzのものが使用される。発振回路を1チップ化することで1 Hzの変化の検出が可能である。

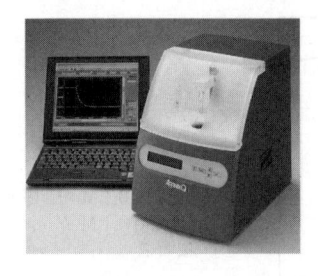

図 8.11 水晶振動子バイオセンサーの装置外観(イニシアム社製)

　応用には，抗原抗体反応，DNAのハイブリダイゼーション，生体膜表面での分子結合，酵素基質反応，DNAへのタンパク質の結合，細胞やファージなど巨大分子の結合に利用される。実時間で測定できるので，反応速度論解析も可能である。センサーチップの洗浄方法やそれぞれの用途に応じた化学修飾法も同社によってマニュアル化されている。

8.5　においセンサー

　多くのバイオセンサーは，特定の化学物質を検出する。生物機能を模倣したものがバイオセンサーであるので，バイオセンサーの究極の目標は，生物の五感のようなセンシングシステムの実現にある。生物の五感のうち，嗅覚と味覚が化学センサーにかかわる。ここでは，においセンサーについて述べる。

　人間の嗅覚のメカニズムは，大気中に漂うにおい分子が嗅粘液中に達すると嗅毛などに付着してにおい情報を伝える。この結果，嗅細胞に電気信号が発生する。通常は，負の数mV程度の電位が1〜2秒続く。におい分子は，100〜1000種類あるが，多数の嗅細胞が多くのにおい物質の種類をどのように識別するかについてはよく知られていない。嗅細胞で発生したにおいの神経情報(電気的インパルス群)は中枢に送られる。図8.12ににおいのしくみを示す。そして，脳の嗅球に達し，その後大脳皮質の底部に入る。この部分は人間でいえば，ちょうど額の下部あたりである。嗅神経系では，上位の神経細胞ほど1個の細胞が応答するにおいの数が次第に減少する。したがって，においは嗅覚系を上に行くほど次第によく識別されていることがわかっているが，詳しいこ

8.5 においセンサー

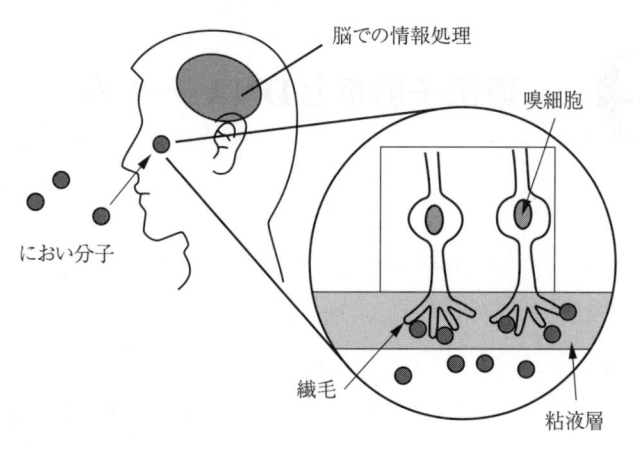

図 8.12 においのしくみ

とはわかっていない。

このように，生体のにおいのメカニズムは複雑でわかっていない部分もあるが，図8.13のような系が考えられる。嗅細胞に相当するのが水晶振動子であり，複数用意する。それぞれの電極表面で異なる化学処理をする。水晶振動子の数，センサー表面の化学処理の方法が成功の鍵になる。複数のセンサーで捕らえた電気信号をパソコンに取り込み，パターン化してにおいの種類を識別する。パソコンの処理が，生体の大脳の情報処理に相当する。どのようなアルゴリズムで処理を行うかが鍵となるが，ニューラルネットワークによるパターン認識が提案されている。

複数のセンシング素子　　　　情報処理
嗅細胞　　　　　　　　　　大脳

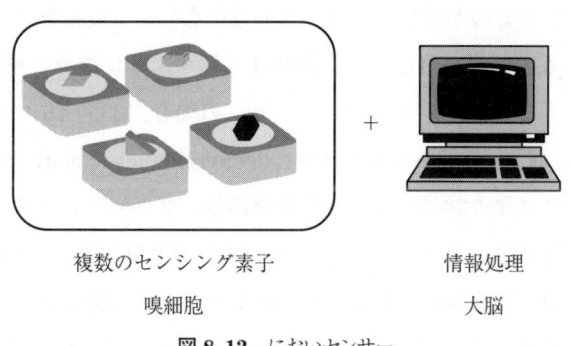

図 8.13 においセンサー

9 遺伝子解析とDNAチップ

9.1 はじめに

21世紀になってヒトの全ゲノムが解読され，特定の病気の原因となる遺伝子や遺伝子の違いによる個人の薬効の違いなどもわかるようになった。このような背景から，遺伝子解析を簡便に行うことのできるDNAチップが開発されるようになった。DNAチップは，生体物質と電子デバイスの組合せからなる最先端のバイオセンサーである。9章では，DNAチップについて述べる。

9.2 ゲノム，遺伝子およびDNA

子はあらゆる面で親に似る。身体的な特徴から，性格，癖，行動まで親に似る。多くの病気も家系によって特徴がある。生物学的な特徴や性格が親から子，子から孫へと伝わるのが遺伝である。この遺伝を伝える役割を果たしているのが遺伝子である。ヒトの遺伝子は，**図9.1**に示すように細胞の核の中にある。核の中にあるものはゲノムと呼ばれる。ヒトの場合，23対46本存在する。染色体は，長いDNA（デオキシリボ核酸，deoxyribonucleic acid）がコンパクトに梱包されたクロマチンと呼ばれる単位がある。クロマチンはヌクレオソームから成り立っており，ヒストンという丸いタンパク質に糸状のDNAが巻きついている。DNAは，2本鎖の非常に長い糸であり，遺伝情報は，このDNAの4種類からなる核酸塩基，アデニン（A），グアニン（G），チミン（T），シトシン

9.2 ゲノム，遺伝子およびDNA

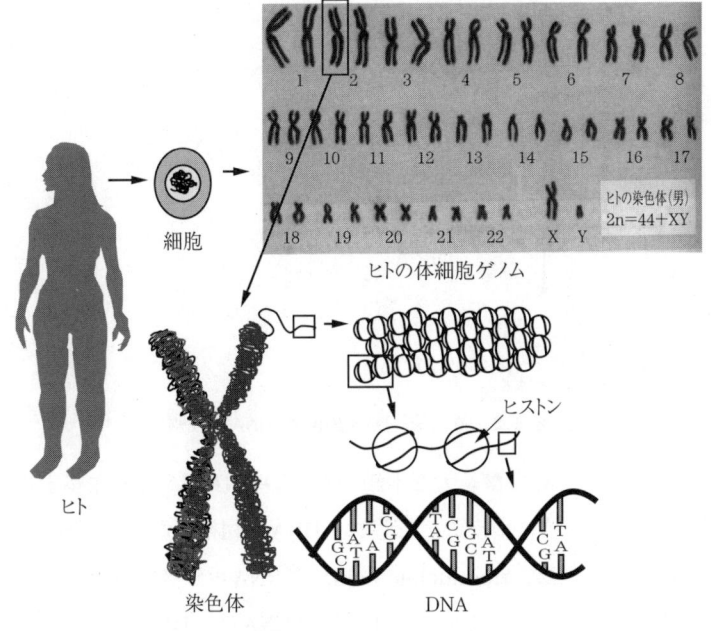

図9.1 ゲノムと遺伝子

(C)の配列に書き込まれている。ヒトの全ゲノム23対（種類）の染色体には約30億の塩基が並んでいる。これをすべてつないでまっすぐにのばすと2 mになる。DNAは直径が2 nmであり，2 mの分子がわずか1 μmの核の中に存在するので，かなり高密度に折り畳まれているかがわかる。

このDNAすべてが遺伝子かというとそうでない。どのようなタンパク質を，いつ，どれだけ生産するかを命令する遺伝子は，DNA全体の約10％である。**図9.2**に示すように長いDNAの2本鎖に遺伝子はとびとびに存在する。残りの90％のDNAは，遺伝子として働いていない。どのような役割を果たしているかはまだよくわかっていない。

生体内でのDNAの役割は，複製と転写である。複製は，2本鎖のDNAが自分自身のコピーを作ることである。分裂によって新しくできる細胞にDNAを供給するためである。複製には，からまりあった2本のDNA鎖の一部分をほどいて1本鎖にする。つぎに1本鎖になった2本のDNAをそれぞれ鋳型にして

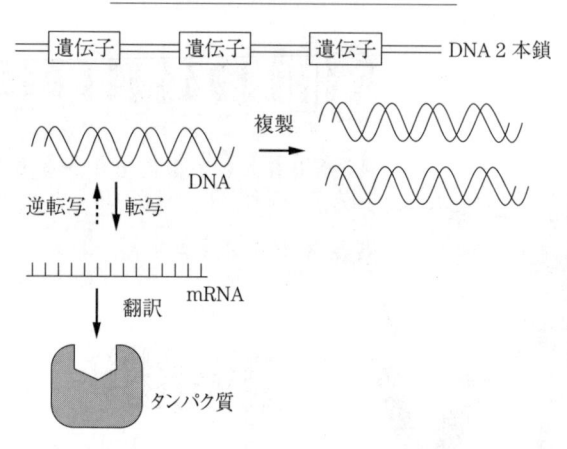

図 9.2 遺伝子と DNA の関係, DNA の役割

DNA ポリメラーゼという酵素が2本鎖の新しい DNA 鎖を2組作製する。これにより，DNA 鎖が2倍に増える。転写は，DNA に相補的な塩基配列をもった1本鎖の RNA（リボ核酸，ribonucleic acid）が RNA ポリメラーゼという酵素によってなされる。転写されてできた1本鎖の RNA は，DNA の遺伝情報を正確にコピーしている。これを，メッセンジャー RNA（mRNA）と呼ぶ。転写によってできた RNA は，細胞内を移動してリボソームにたどりつく。リボソームは，アミノ酸とアミノ酸をつなげてタンパク質を組み立てる場所である。リボソームに結合した mRNA はアミノ酸がどのような順番で並ぶかを指示する。こうしてアミノ酸がリボソーム上でつぎつぎと並び，隣接するアミノ酸どうしがペプチド結合を形成することでタンパク質ができる。このように遺伝情報の流れは，DNA→RNA→タンパク質となる。このことをセントラルドグマと呼ぶ。

では，つぎに DNA の詳しい分子構造を**図 9.3** を用いて説明する。アミノ酸がたくさんつながったものがタンパク質であることはすでに述べた。同じように，ヌクレオチドが多数結合したものが DNA である。ヌクレオチドは，核酸塩基，糖，リン酸からなる。核酸塩基は，4種類のものがあり，アデニン(A)，グアニン(G)，シトシン(C)，チミン(T)の名称と略号がつけられている。DNA に関係する糖は，デオキシリボースである。これは，グルコースよりも

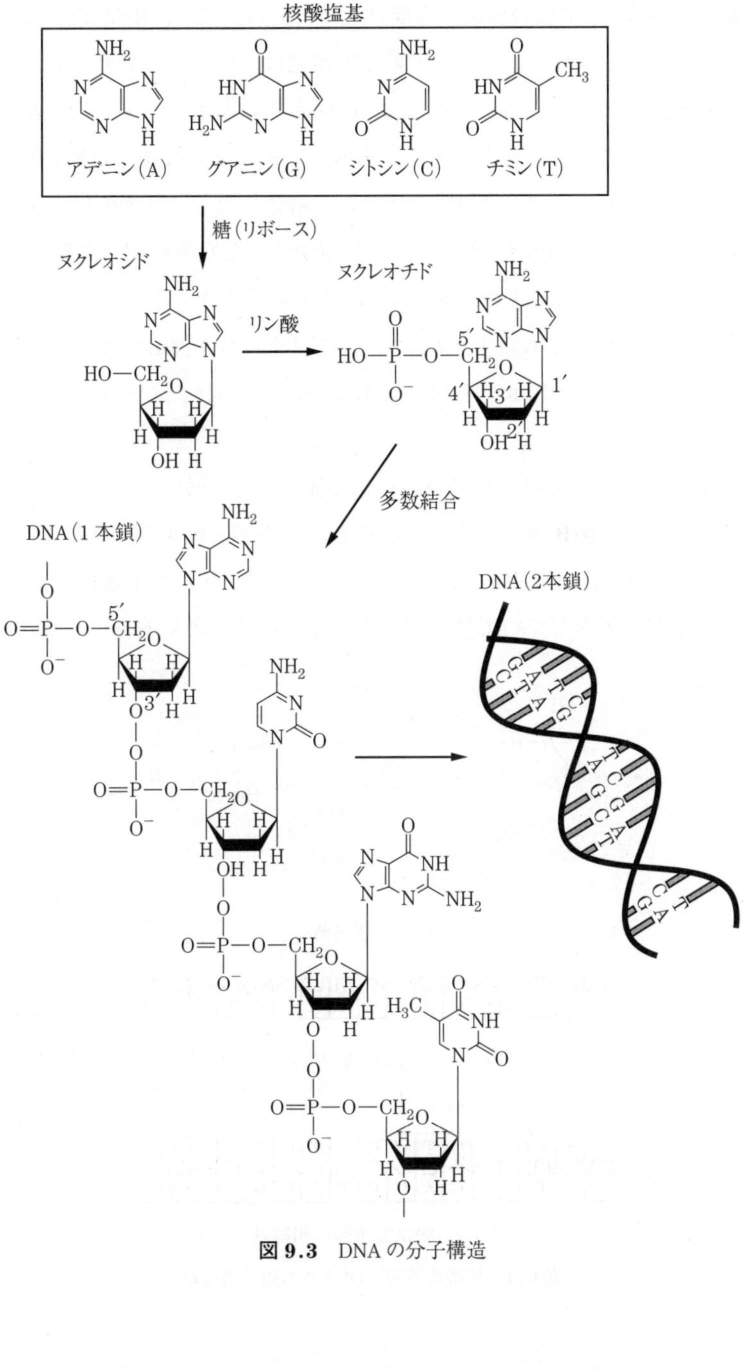

9.2 ゲノム，遺伝子およびDNA

図 9.3　DNAの分子構造

炭素が一つ少ない，5個の炭素から成り立っている．また，RNAに関係する糖は，リボースと呼ばれる．リボースの分子構造は，ほとんどがデオキシリボースのそれと同様であり，唯一異なる2′位の炭素に結合している官能基がデオキシリボースでは水素，リボースでは水酸基である．核酸塩基のNH基とデオキシリボースの1′位炭素とがN-グリコシド結合したものをヌクレオシドと呼ぶ．ヌクレオシドの糖の5′位炭素にリン酸が結合したものがヌクレオチドである．ヌクレオチドどうしが，5′と3′位の炭素で結合することがDNAの1本鎖である．そして，DNA鎖が2本合わさって2重らせん構造をとる．このとき2重らせんの直径は約2 nm，らせんは10塩基対で1回転し，その間に3.4 nm進む．

　この2本鎖の塩基配列はたがいに自由な配列をもつかといえばそうではない．核酸塩基は，図9.4に示すように結合エネルギー値から，側鎖間にはA-TあるいはG-Cという結合しか生じない．これは，複数の水素結合がたがいに適度な空間配置をしていて結合が最も安定になるためである．したがって，

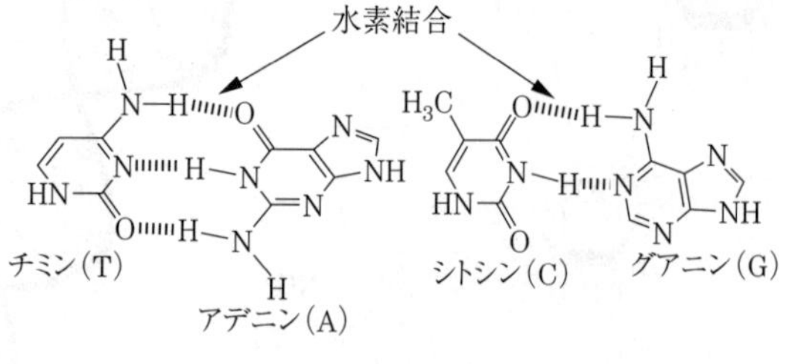

(a) 核酸塩基対

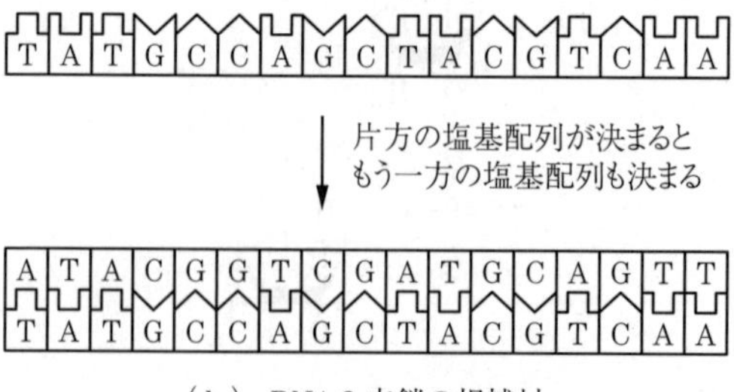

(b) DNA 2本鎖の相補対

図 9.4　核酸塩基対とDNA 2本鎖の相補対

一方のDNA鎖の塩基配列が決まった場合，他方のDNA鎖の塩基配列も決まる．2重らせんのDNA鎖を1本にほどいたとき，それぞれのDNA鎖は相補塩基対である．2重らせんを形成するのはたがいに相補DNA配列をもったDNAの1本鎖である．DNA鎖の長さにも依存するが，一般的には1塩基でも相補でなければ2重らせんは形成しない．DNAチップは，この作用を利用している．また，相補対でなくても2重らせんを形成するが，この場合はミスマッチと呼ぶ．ミスマッチの2重らせんは，完全マッチに比べて不安定であるので引き離れやすい．

最近になって，ヒトの全ゲノムが解読された．**表9.1**に示すように，ヒトの全ゲノムは，約30億の塩基対からなり，約3万5千個の遺伝子が存在することがわかった．特定の病気の遺伝子も解明された．また，同じヒトでも個人で少しずつ遺伝子の塩基配列が異なっていることがわかった．これは1塩基多形 (single nucleotide polymorphism，略してSNP) と呼ばれる (**図9.5**)．平均数百塩基に1個の頻度で出現することがわかっている．重要なことは，これが体質の違い，薬剤の効き方，副作用の違いなどに深くかかわっていることである．

表9.1 ゲノム解読が終わったおもな生物〔*Nature*, **409**, p.819 (2001) より改変抜粋〕

	塩基対 (百万)	遺伝子数 (約)
ヒ ト	2 900	35 000[†]
ショウジョウバエ	120	13 600
線 虫	97	19 000
アラビドプシス	116	25 490
分裂酵母	12	5 800

[†] おおよその数

また，ヒト以外にもさまざまな生物のゲノム解析も終わっている．特に重要なのは，ほ乳類のモデル動物であるマウスである．マウスのゲノムは約25億塩基対であり，遺伝子の99％はヒトと同じか似ている．そのため，新薬の試験とゲノム情報の関係を解明するのによい研究モデルとなる．チンパンジーの

9. 遺伝子解析とDNAチップ

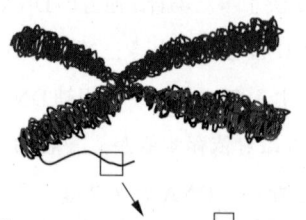

```
Aさんの遺伝子    AGGTCCTT[C]TTATGCTGTCA
Bさんの遺伝子    AGGTCCTT[G]TTATGCTGTCA
Cさんの遺伝子    AGGTCCTT[T]TTATGCTGTCA
```

1カ所だけ異なる

図9.5 1塩基多形

遺伝子はヒトと1.23％しか違わないので，学術的な興味として，両者を比べることで人間の生物としての特徴や強み弱みなどを解明できる対象になる。

9.3 従来の遺伝子解析法

[1] サザンブロット法

サザンブロット法は，制限酵素によるDNAの切断と電気泳動からなる。

制限酵素は，バクテリアなどの原核生物の細胞から取り出した酵素で，特定の塩基配列を切断する（**図9.6**）。例えば，*Eco* RIは，GAATTCという塩基配列を見つけるとGとAの間で切断する。DNAの塩基配列がランダムであると仮定すると，6個の塩基が現れるのは$4^6 = 4\,096$塩基対に一つとなる。したがって，制限酵素を用いると長いDNA鎖を再現性よく切断できるので，遺伝子解析に不可欠となる。

電気泳動は，DNA鎖を制限酵素で処理した後にできる多種類のDNA断片を分離する技術である。DNAは，リン酸基をもち，そのリン酸基が電離することで負電荷をもつ。このDNAを電界におくと正電気の方向に移動する。これを，ゲル中で行わせると，DNA断片はゲル中の網目を移動するが，**図9.7**に示すように大きさによって移動速度が異なり，その結果分離される。

9.3 従来の遺伝子解析法

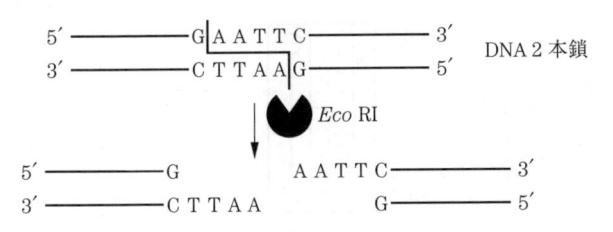

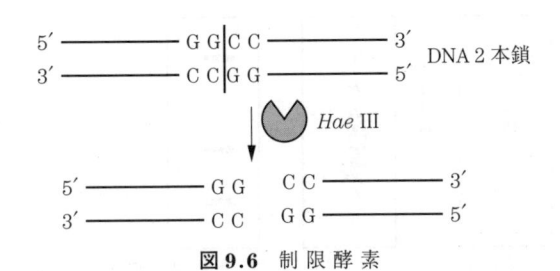

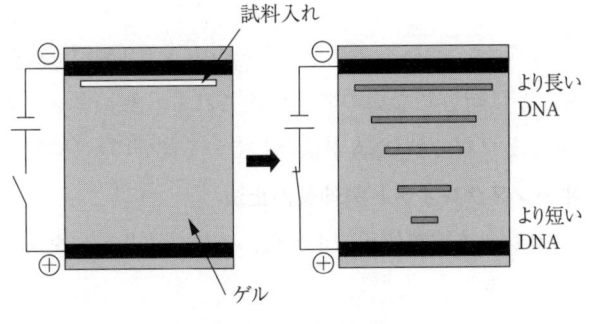

図 9.6 制限酵素

図 9.7 電気泳動

以上の二つの技術を組み合わせたサザンブロット法の概念図を**図 9.8**に示す。制限酵素によって測定試料DNAを処理して，多くの断片に切断する。これを電気泳動によって分離する。つぎに，ゲル中にあるDNAをアルカリ処理すると2本鎖から1本鎖になる。そして，ゲルをニトロセルロース紙に押しつけるとDNAパターンがそのままセルロース紙に移動する。一方，塩基配列がターゲットの遺伝子と相補的で放射性の^{32}Pでラベルされたプローブを用意し，ニトロセルロース内で作用させる。もし，測定試料DNAがターゲットと

図9.8 サザンブロット法

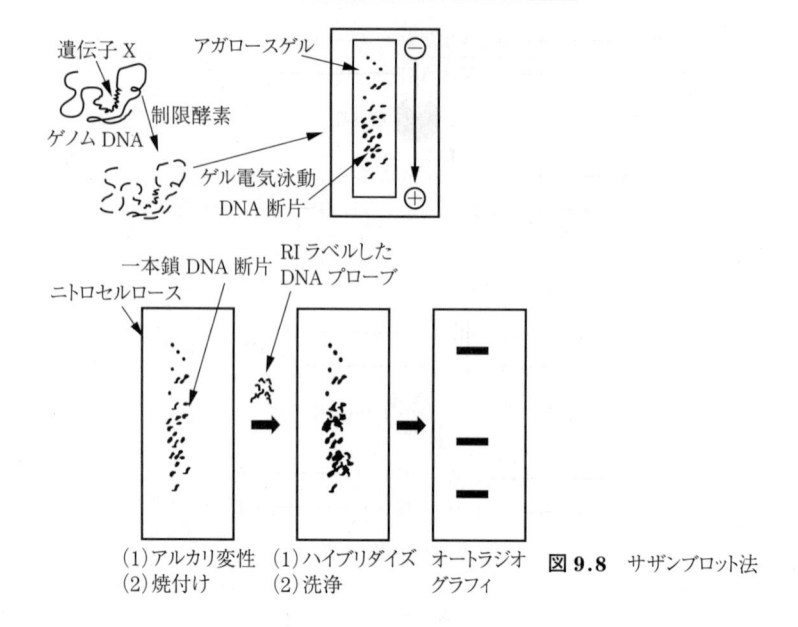

(1)アルカリ変性　(1)ハイブリダイズ　オートラジオ
(2)焼付け　　　　(2)洗浄　　　　　　グラフィ

なる遺伝子をもっているとハイブリダイゼーション（2本鎖形成）する。それ以外のDNA断片とは結合しないので洗い流される。セルロース紙をX線フィルムに感光させるとプローブDNAが結合している部分のバンドが現れる。

〔2〕 ジデオキシヌクレオチド鎖伸長停止法

ジデオキシヌクレオチド鎖伸長停止法は，直接に塩基配列を決定する方法である。

最初に，図9.9に示す目的の遺伝子をポリメラーゼチェインリアクション（polymerase chain reaction，略してPCR）法で増幅させる方法について説明する。まず，プライマーと呼ばれる短いDNAを用意する。プライマーの配列は，テンプレートDNA（目的の遺伝子）の特定の部分と相補的な配列になっている。プライマーとテンプレートDNAを試験管内で混合する。このとき，プライマーはテンプレートに対して大過剰にある。温度制御することでプライマーとテンプレートが相補的な2本鎖を形成する。つぎに，このプライマーを起点としてDNAを複製する。先にも述べたが，複製はDNAポリメラーゼと呼ばれる酵素を触媒として行う。このとき，反応溶液中にDNAの合成に必要な

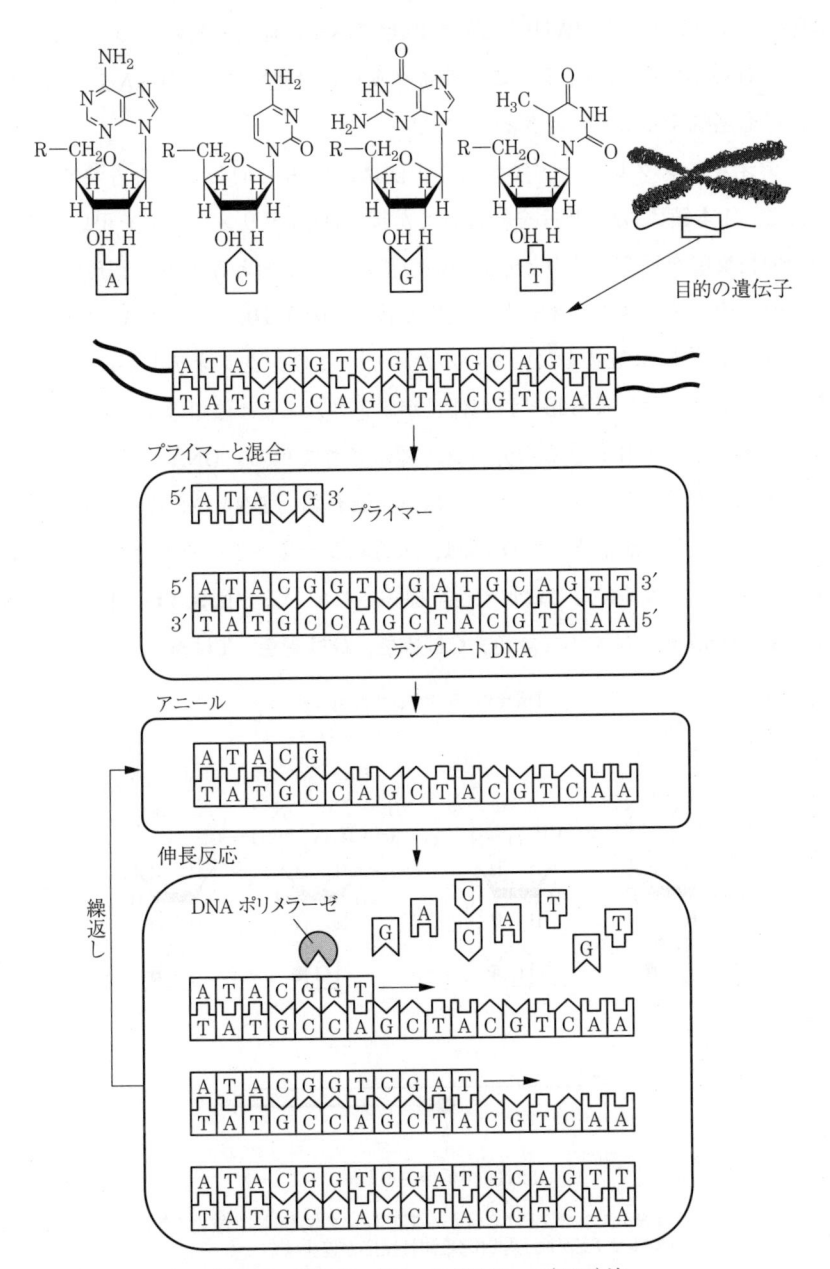

図 9.9 ポリメラーゼチェインリアクション(PCR)法

4種類のヌクレオチド（ATPなど）を混ぜておく。伸長反応が終わるとテンプレートDNAは2倍に増える。このサイクルを繰り返すことでDNAを何百，何千倍にも増幅することができる。

　ジデオキシヌクレオチド鎖伸長停止法は，PCRと同じような方法である。ただし，1本鎖にDNA断片を結合させた後，DNAポリメラーゼを用いて相補鎖の伸長反応を行う。そのとき，反応の基質として加えるヌクレオチドの中に少量のジデオキシヌクレオチドを混ぜておく（**図9.10**）。ジデオキシヌクレオチドは，3′位に水酸基を欠いているために，このヌクレオチドが取り込まれるとポリメラーゼによる相補鎖の伸長が阻害される。4種類のジデオキシヌクレオチドはそれぞれ異なる蛍光色素で標識されている。DNAが合成されていくとき，ジデオキシヌクレオチドが取り込まれるとDNAの合成がこれ以上進まなくなる。合成が止まったDNAは，末端にジデオキシヌクレオチドをもち，反応の止まった塩基に応じた蛍光色で標識されている（**図9.11**）。例えば，末端がAのDNA断片はすべて緑色，Cは赤色，Gは青色，Tは黄色となる。この

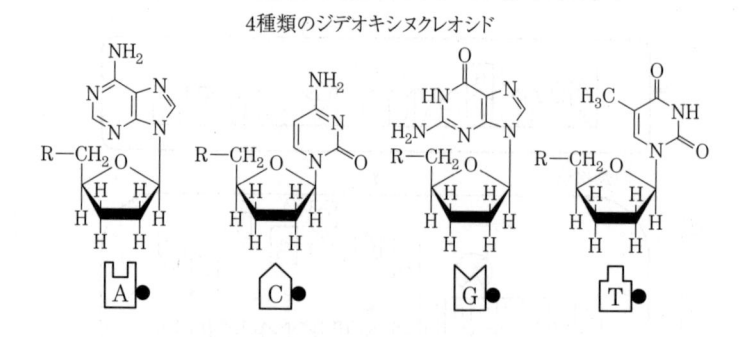

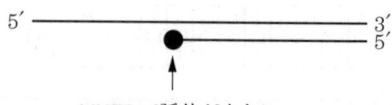

4種類のジデオキシヌクレオシド

ddNTPで延伸が止まる

ジデオキシヌクレオチドは，3′位が水素でありこの部分はリン酸化できず，このヌクレオチドが取り込まれると伸長反応が停止する

図9.10　ジデオキシヌクレオチド鎖伸長停止法の概念

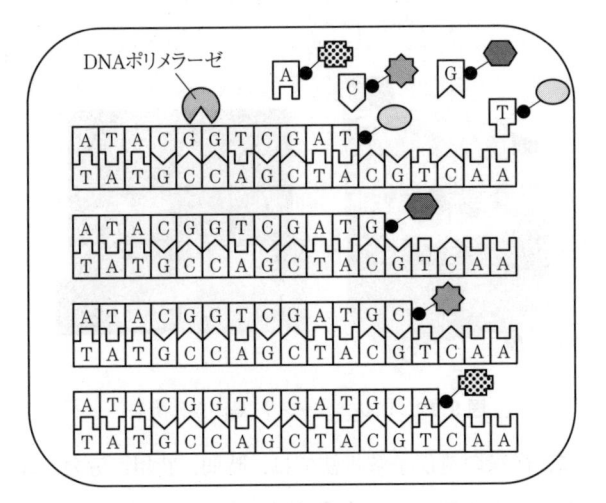

9.3 従来の遺伝子解析法

(a) 伸長反応

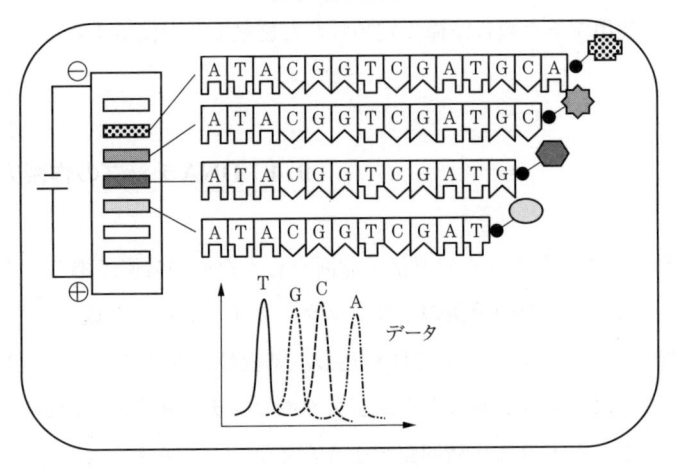

(b) 電気泳動と読み取り

図9.11 ジデオキシヌクレオチド鎖伸長停止法による塩基配列の決定

ようにできた溶液を濃縮精製し，1本鎖に変性して電気泳動にかける。すると，伸長反応が止まる場所によりDNAの長さが異なり，停止した塩基の種類に由来する色のバンドになる。これを順番に読むことで配列を決定できる。ただし，電気泳動は，1塩基の長さの違いを分けることのできる高解像度の技術が必要である。**図9.12**は，DNAシーケンサの装置写真である。

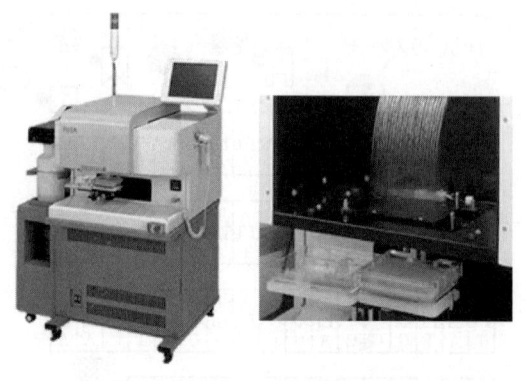

図 9.12 DNA シーケンサ（島津製作所製）

以上のように，従来の遺伝子解析法では，時間，費用，労力がかかる。また，ある程度訓練を積んだ人でないとうまくできない。サザンブロット法では，放射性物質を使用するために法律で定められた施設でしか使用することができない。

9.4　DNAチップの作製方法

DNAチップは，ある目的の遺伝子診断を行うための装置である。遺伝子のデータベースから複数の種類のオリゴヌクレオチド断片を合成する。それを，1 cm角程度の大きさのチップに埋め込む。基板は，ガラスやシリコンが用いられる。これは，何百万個のトランジスタやコンデンサなどが数cm角のチップに埋め込まれた半導体集積回路のようなイメージであり，ここからDNAチップと呼ばれるようになった。

DNAチップの成功の鍵は，どれだけ多種類のDNAプローブを高密度にチップに導入させるかである。DNAチップの作製方法にはおもに2種類ある。一つは，あらかじめ調整したDNAをスライドガラスやシリコンなどの基板に固定化する方法である（**図9.13**）。マイクロプレートに分注されたDNAサンプルの一定量（数ng程度）を数十から数百μmのサイズで定められた位置に定量的にスポットする。このマイクロアレーに，検体試料を滴下する。検体試料は，

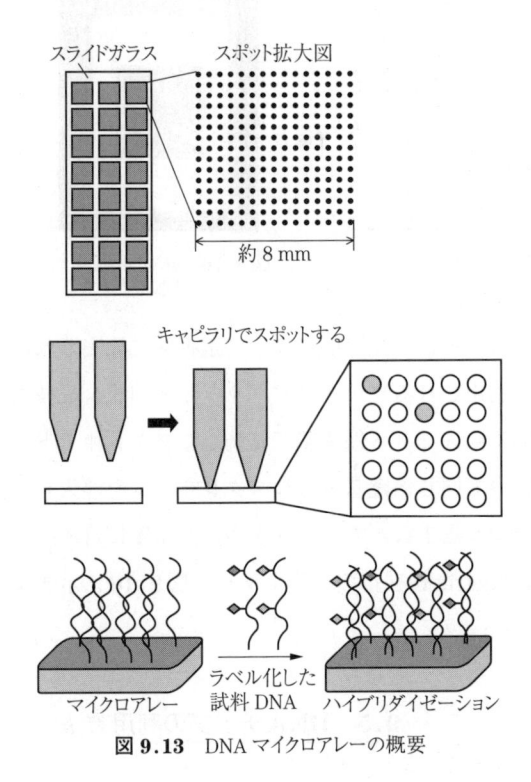

9.4 DNAチップの作製方法

図 9.13 DNA マイクロアレーの概要

図 9.14 アレーヤーの写真（DNA 研究所製）
（a）全体
（b）マイクロプレートから DNA 溶液を取る 
（c）基板にスポットする 

PCRなどで増幅し，蛍光物質で標識される。ハイブリダイゼーションを起こさせ，洗浄した後にスキャナでスポットパターンを記録する。図9.14に，アレーヤーの実物写真を示す。96穴または384穴のマイクロプレートから自動で注入してスポッティングを行うことができる。

もう一つは，直接基板にDNAを合成する方法である。図9.15に示すようにDNAは，ヌクレオチドのポリマーであるので4種類の塩基からなるオリゴヌクレオチドをリン酸結合によって一つ一つ結合させる。微小な所定の領域に選

図9.15 affymetrix社が開発したDNAチップの製造方法

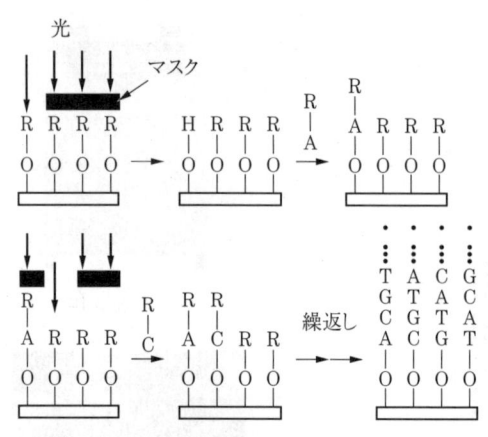

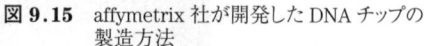

図9.16 affymetrix社のDNAチップ

択的にヌクレオチドを結合させるために，光照射によって選択的に除去される保護基の使用と，半導体製造に利用されるフォトリソグラフィと固相合成技術を組み合わせている．光化学的に除去できる保護基で修飾したヌクレオチドにマスクをかけて光照射する．続いて同じ保護基をもつヌクレオチドを導入して結合反応を起こさせる．これを繰り返すことでチップ表面に高密度に目的のオリゴDNA群を形成できる．Affymetrix社独自の技術であり，**図9.16**に示すようなDNAチップが販売されている．

9.5 DNAチップの利用方法

[1] 発現解析

図9.17にDNAチップを利用した遺伝子発現解析の概略図を示す．DNAチップを用いた遺伝子発現解析は，さまざまな条件下における多数の遺伝子発現プロファイルを一度に比較することが可能であり，細胞機能の発現・調節に関与する遺伝子群の変化の全貌を明らかにすることができる．まず，比較細胞から抽出したmRNAを安定な相補DNA（cDNA）に逆転写酵素を用いて変換する．このときCy3（緑色素）を取り込ませる．また，調べたい試料細胞（例えば，

9.5 DNAチップの利用方法

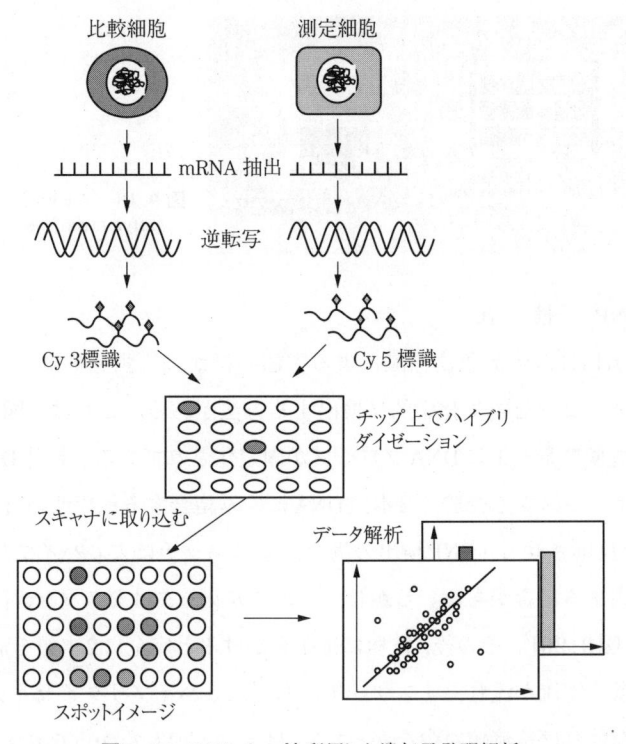

図9.17 DNAチップを利用した遺伝子発現解析

ガン細胞）から抽出したmRNAも同様にして異なったCy5（赤色素）を導入したcDNAとする。これらを等量混合してDNAチップ上でハイブリダイゼーションを行う。もし，比較細胞と試料細胞とに存在（発現）するmRNAの量が同じであれば，半分ずつ2本鎖形成が行われるのでCy3とCy5を1：1で混合した色の蛍光（ここでは黄色）が観測される。試料細胞が比較細胞に比べて多い場合や少ない場合には，それに応じたCy3とCy5の混合割合に応じた蛍光が観測される。これにより，試料細胞中でどのような遺伝子が比較細胞と異なった発現をしているかを知ることができる。したがって，DNAチップを用いることで多数の遺伝子を同時に調べることができるようになる。**図9.18**は，マイクロアレーの蛍光パターンを読み込むスキャナと解析ソフトである。

図9.18 スキャナと画像（affymetrix 社製）

〔2〕 SNP 検 出

SNP検出には，蛍光色素標識による方法のほかに，蛍光標識なしのハイブリダイゼーションを電気化学的に検出する方法がある。これは，図9.19に示すように電極アレー上にDNAプローブが固定化されている。検体DNAをハイブリダイゼーションしたのち2本鎖DNAにのみ結合する電極活物質（インタカレータ）を反応させる。SNP検出の場合，ミスマッチによりハイブリダイゼーション形成する場合がある。しかし，インタカレータはミスマッチ部分には結合しない（図9.20）。その後，電極に電圧をかけると完全に2本鎖を形成している電極に多く電流が流れ，ミスマッチがあったりハイブリダイゼーションが起こっていなければ電流値が少なかったり，ほとんど流れなかったりする。これを複数の電極アレーについて電流値の大小のパターンにより，SNPを判定する。

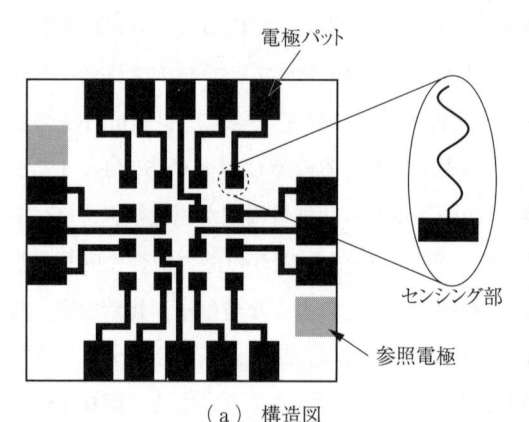

（a） 構造図　　　　　　　（b） 電気化学検出方式のDNAチップ（東芝製）

図 9.19　電極アレーを利用する電気化学検出方式のDNAチップ

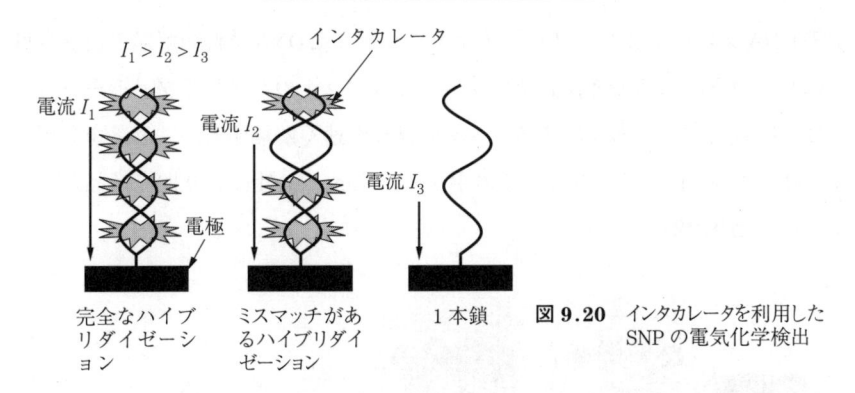

9.5 DNAチップの利用方法

$I_1 > I_2 > I_3$

電流 I_1

電流 I_2

インタカレータ

電流 I_3

電極

完全なハイブリダイゼーション

ミスマッチがあるハイブリダイゼーション

1本鎖

図9.20 インタカレータを利用したSNPの電気化学検出

　もう一つの方法は，電圧制御によってハイブリダイゼーションを制御する方法である．DNAが負電荷をもつので，電極を正電位に設定すると電極への電気泳動によってDNA試料をDNAプローブ電極へ濃縮することによりハイブリダイゼーションを迅速化できる（図9.21(a)）．また，逆電圧をかけると電極

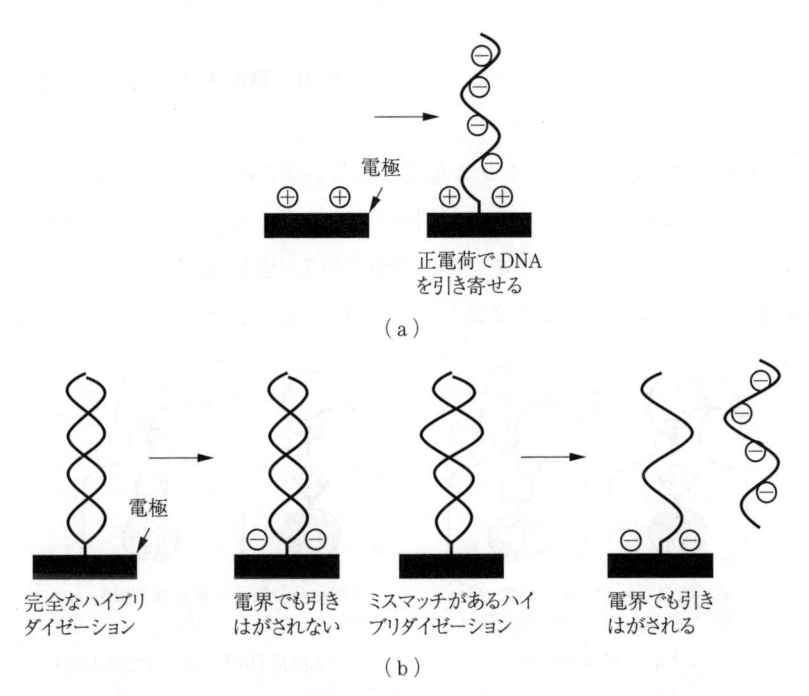

電極

正電荷でDNAを引き寄せる

(a)

電極

完全なハイブリダイゼーション

電界でも引きはがされない

ミスマッチがあるハイブリダイゼーション

電界でも引きはがされる

(b)

図9.21　Nanogen社の開発したDNAプローブの迅速固定化とSNP検出

上のDNAプローブとハイブリダイゼーションしたDNA試料の解離の促進も可能にしている。このとき，完全マッチとミスマッチのハイブリダイゼーションでは，結合力に差があり，ミスマッチのほうが速く解離する。この差を利用してSNP検出を行う（図(b)）。この手法は，Nanogen社により開発商品化されている（**図9.22**）。

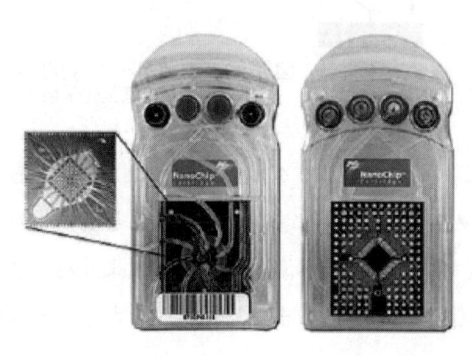

図 9.22 Nanogen社製の電気化学DNAチップ

9.6 DNAチップの応用

DNAチップの応用では，ゲノム創薬がある。薬の効き具合や副作用は個人によって大きな差がある。これは，遺伝子の1塩基多型に由来し，生物個体からみると薬に対するレセプタをもつか否かである（**図9.23**）。従来の医療では，薬の処方はこのようなことを意識していない。しかし，ゲノム情報を利用した

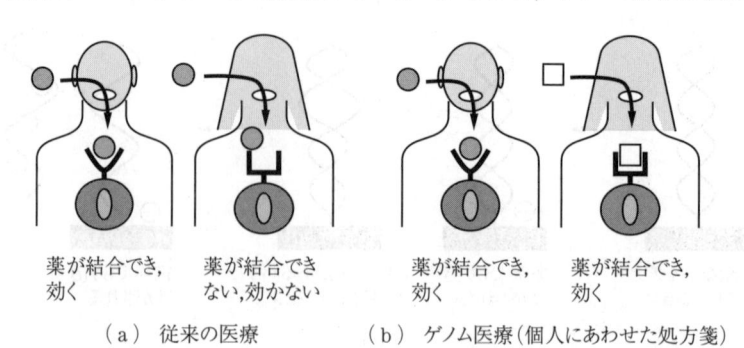

(a) 従来の医療　　薬が結合でき，効く　　薬が結合できない,効かない

(b) ゲノム医療(個人にあわせた処方箋)　　薬が結合でき，効く　　薬が結合でき，効く

図 9.23 ゲノム創薬

医療が今後は主流になる。特に，抗ガン剤のように高価で副作用の大きな薬を処方する場合には投与前の遺伝子診断は重要である。

将来，DNAチップが家庭で用いられるようになるならば，遺伝子疾患の情報も得ることができる。例えば，糖尿病の遺伝子をもっていることがわかれば，カロリーに気をつけ，運動も心がけるようになる。また，肺ガンになる遺伝子をもっていることがわかれば，たばこを控えるようになる。しかし，いい面ばかりでもない。遺伝情報は個人の究極のプライバシーであり，その情報で起こりうる保険や雇用差別も問題視されている。

また，医療以外では，遺伝子組換え作物や食肉・魚介類の産地の検査など，農林水産分野にも利用され始めている。

10 バイオテクノロジーを支える電子工学

10.1 はじめに

 バイオセンサーは，生体物質（分子識別素子）と電子デバイス（信号変換素子）の組合せからなることはすでに述べた。この章では，バイオセンサーを広義に解釈し，電子工学技術（エレクトロニクス）のバイオテクノロジーへの利用について紹介する。

10.2 電気による細胞融合と遺伝子導入

 遺伝子自体は生命の設計図であり，これだけでは絵に描いた餅のごとくなにもならない。細胞を生かしたまま遺伝子を導入し，その遺伝子を機能させなければならない。種類の異なる2個の細胞を一つにさせる細胞融合やある細胞に別の遺伝子を導入する技術は，現代のバイオテクノロジーの重要な基礎技術となっている。これらに電子工学技術が用いられている。細胞融合あるいは遺伝子導入法は，ポリエチレングリコールなどの薬品処理，ウイルスベクターによる方法，マイクロインジェクションなどがあるが，電子技術による方法は，機器は高価であるが，簡便，無毒で再現性がよいために普及している。

〔1〕 電気による細胞融合

 細胞融合を行わせるためには，まず，細胞どうしを接合させないとならない。細胞は1 μm程度の大きさなので手作業で行うことは困難である。この細胞操

10.2 電気による細胞融合と遺伝子導入

作も電気によって行う。この方法は，図10.1に示すように交流電場中に細胞を置くことでできる。細胞自身は巨視的には中性であるが，交流電場（1 MHz，400 V/cm程度）中では分極する。電場が不均質であればより強い電場へ移動する。これは誘電泳動と呼ばれ，電場の2乗に比例するので電場の極性には依存しない（9章で述べたような直流電場で荷電分子が移動する電気泳動とは異なる）。2個以上の細胞が近傍に存在すればそれらは電場方向に沿って接着する。均質な電場であっても2個以上の細胞が近傍に存在すれば，細胞自身によってもたらされる電場のごくわずかなひずみによって相互誘電泳動され接着される。この結果，細胞が数珠つなぎ状になる。

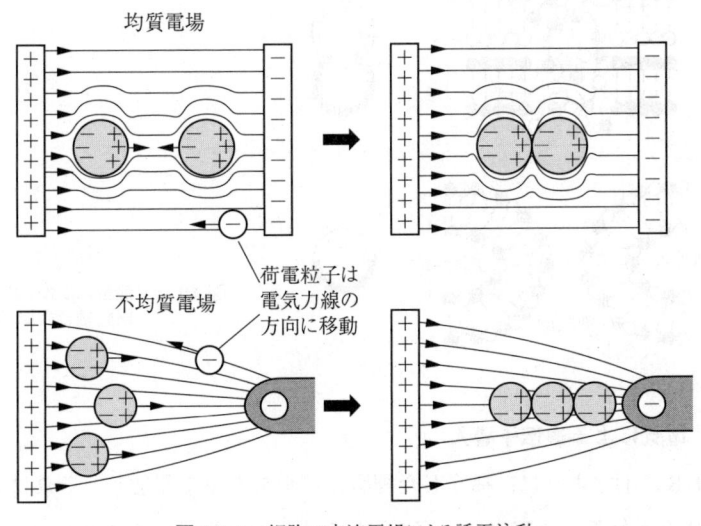

図10.1 細胞の交流電場による誘電泳動

図10.2に示すように，細胞どうしが接着したのちに，数 kV/cm，50 μs程度のパルス電圧を印加すると細胞の接触点で細胞膜の1次破壊が起こり，これが修復する際に隣接する細胞の間で融合が起こる。このパルスにより細胞膜が一時的に破壊し修復を起こす現象は，膜の可逆破壊と呼ばれる。これが，電気パルスによる細胞融合である。

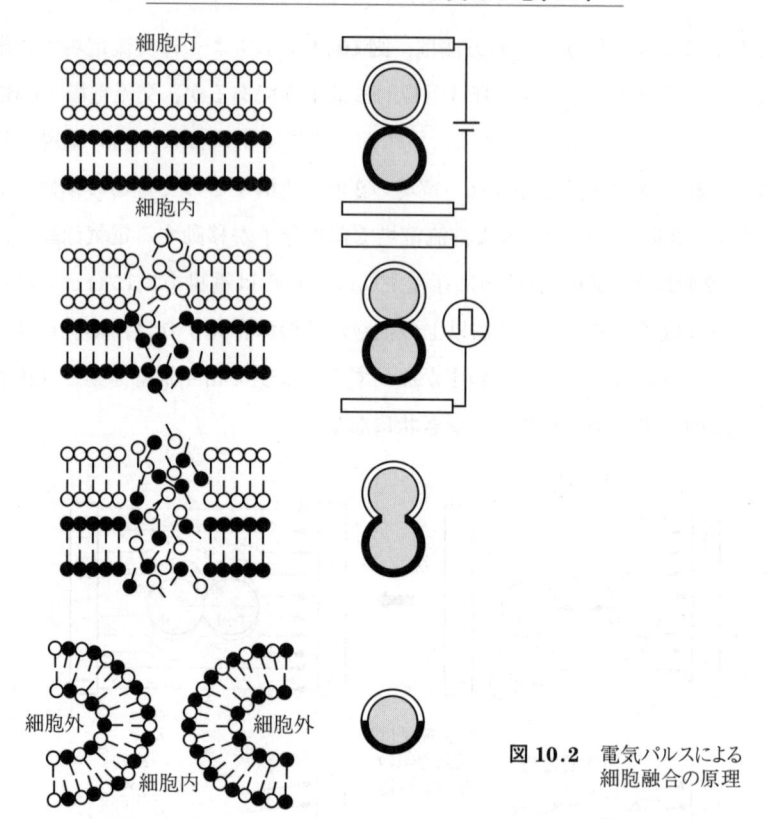

図 10.2 電気パルスによる細胞融合の原理

〔2〕 電気による遺伝子導入

図 10.3 に示すように，孤立した細胞にパルス電圧を印加し，それによって生じた小孔が修復する際に，周囲の液体が少量取り込まれることが知られている．したがって，細胞と導入したい遺伝子の懸濁液を共存させて，電気パルスを印加することで細胞内に遺伝子を導入できる．この手法はエレクトロポレーション（電気穿孔）法と呼ばれる．

図 10.4 には電気パルス装置の概略図を示す．電圧制御回路でパルス形状を制御し，トランスによって高電圧を発生させる．電気パルス波形は，**図 10.5** に示すように指数減衰波と方形波が用いられている．前者では，初期電圧 V_0 と減衰時定数 τ が，後者ではパルス電圧 V_P と幅 T が制御パラメータになる．減

10.2 電気による細胞融合と遺伝子導入

導入したいDNAと細胞を共存させ,電気パルスを印加する

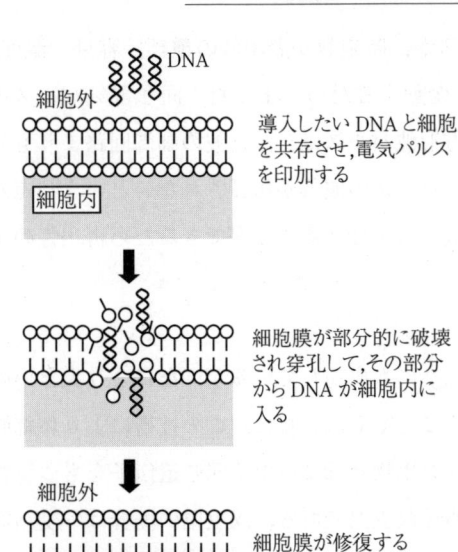

細胞膜が部分的に破壊され穿孔して,その部分からDNAが細胞内に入る

細胞膜が修復する

図 10.3 エレクトロポレーションによる細胞内への遺伝子の導入

図 10.4 電気パルス装置の概略図

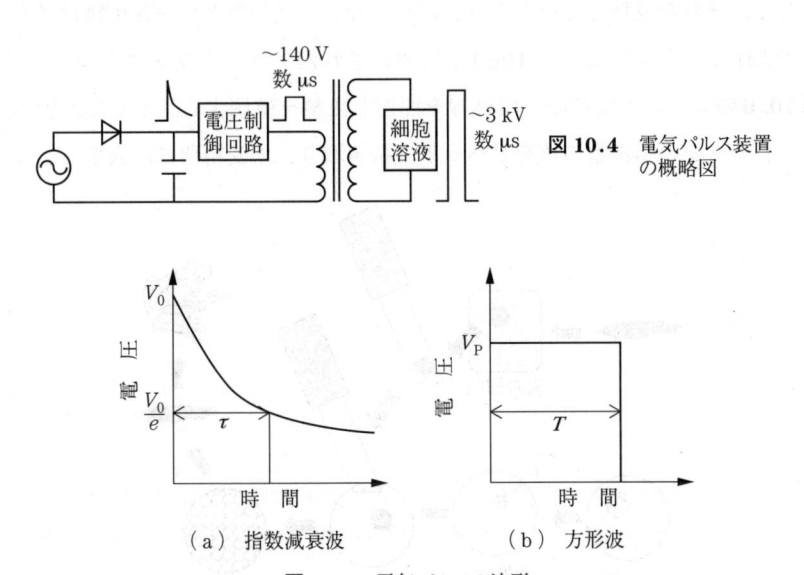

(a) 指数減衰波　　(b) 方形波

図 10.5 電気パルスの波形

衰波パルスは制御回路が安価であるが，時定数が懸濁液の種類，容量，温度，細胞密度，DNA濃度などによって変動するため，まったく同じ電気パルスを印加するのは困難である。一方，方形波パルスは，減衰波の制御回路よりも高価になるが，懸濁液の状態によってパルスの波形が影響されないという利点がある。いずれにしても，定量的に電気量を与えることができるため再現性のよい手法であることがいえる。

〔3〕 体細胞クローン生物

このような方法で，植物の形質転換にも成功しているが，なにより大きいのは哺乳動物の培養細胞に適用できることである。特に，この技術により体細胞クローン生物が実現できた。クローン生物とはまったく同じ遺伝子をもつ生物であり，最もわかりやすい例は一卵性双生児である。双生児の場合は，受精卵の状態から同じ遺伝子をもっていたので生物個体として成長した。しかし，すでに成長してしまった大人のクローンを作るには，自身の遺伝子を受精卵に導入して，それが成長していかなければならない。最初のクローン生物はイギリスのJ.B.ガードンによって1960年に報告されたアフリカツメガエルである。図10.6のように未受精卵に紫外線を照射して核を破壊する。そして，別のオタマジャクシの腸細胞の核をピペットで抜き取り，未受精卵に注入する。する

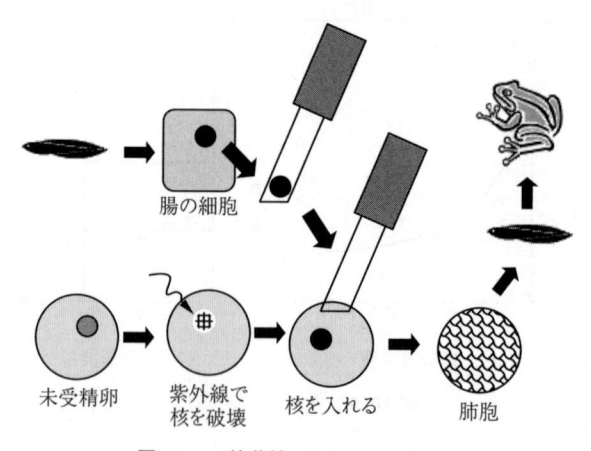

図10.6 核移植によるクローンカエル

10.2 電気による細胞融合と遺伝子導入

とこの未受精卵は成功率約2.5％と低いが生物の個体にまで成長した。しかし，他の細胞の核を移植しても成長しなかった。ふ化直前の尾芽胚の腸壁の核を移植すると約40％の成功率であった。この結果は，分化が進むと核自体に変化が起き，最初から分化を繰り返すことができないことを示す。

このようなことから核移植による体細胞クローンの作製は困難であった。最初の哺乳動物の体細胞クローン生物は，1997年にロスリン研究所のI. Wilmutら[†]によってなされたヒツジ「ドリー」である。**図10.7**に示すように6歳の母ヒツジの乳腺細胞をとり，低い濃度の血清で処理することで細胞の活動を止める。一方，他のヒツジの卵子（未受精卵）を取り出し，卵子の外側にある透明体にマイクロピペットを突き刺して極体と染色体を取り除く。つぎの透明体のあいた穴から母ヒツジの乳腺細胞を1個入れる。この状態では卵子と乳腺細胞

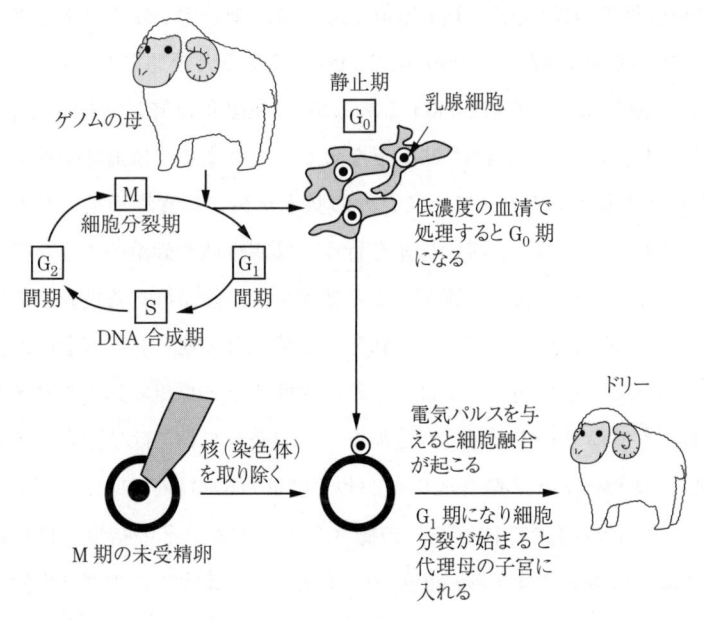

図10.7 クローンヒツジ「ドリー」

[†] I. Wilmut, A.E. Schieke, J. McWhir, A.J. Kind and K.H.S. Campbell：*Nature*, 385, 810 (1997)

は接しているだけである。ここで電気パルスを加えると細胞融合が起こり，乳腺細胞の核が卵子に移る。そして，細胞分裂が始まる。この卵子を代理母の子宮に入れ150日後に6歳の母ヒツジとまったく同じ遺伝子をもつドリーが誕生する。この成功を機にさまざまな哺乳動物の体細胞クローンが報告されるようになったが，その重要なステップである核移植に電子工学技術が用いられている。

10.3 パーティクルガンによる遺伝子組換え作物

遺伝子組換え作物は，遺伝子組換え技術を用いて人為的に操作・改良された作物のことである。遺伝子組換え作物の背景には，世界的な食糧問題の解決にある。2003年での世界人口は約60億であるが，少子化が続く日本と異なりこれからも人口が増え続け，2050年には90億になると予想されている。一方，穀物の総生産量は1年で約20億tであるが，1980年以降は増加していない。人間1人が1年で必要な穀物は250 kgなので，このままでは地球が養える人口は80億人である。したがって，これから数十年後には食糧不足になると予想される。それでもなお，食糧の増産を行うには寒冷地や砂漠のような厳しい環境で生育する作物や，害虫や雑草による被害を最小限に抑える技術が必要になる。遺伝子組換え技術は，効率よく新しい品種開発技術として誕生した。

遺伝子組換え作物の例としては，除草剤耐性遺伝子を組み込んだダイズが挙げられる。グリホサートと呼ばれる最もよく使われている除草剤がある。この除草剤は，植物のアミノ酸合成にかかわる酵素（5-エノールピルビルシキミ酸-3-リン酸合成酵素：EPSPS）の働きを阻害する。その結果，植物に必要なアミノ酸（芳香族アミノ酸）が欠乏して枯れてしまう。このグリホサート耐性の遺伝子をダイズに組み込み，除草剤を大量に散布しても枯れないダイズができた。従来のダイズ栽培には年2回，除草剤を散布していたが，遺伝子組換えダイズでは高濃度の除草剤を年1回散布するだけですむ。これにより作物の生産コストを下げることができた。また，ヒトはもともと芳香族アミノ酸を体

10.3 パーティクルガンによる遺伝子組換え作物

内では生産できないので（必須アミノ酸）遺伝子組換え作物は人体には安全である。

　もう一つは，害虫に耐性をもつ遺伝子組換えトウモロコシである。アワノメイガという蛾は，トウモロコシの害虫として知られている。従来は，殺虫剤を散布して駆除してきたが，アワノメイガの幼虫はトウモロコシの幹に入り込むと殺虫剤では駆除できなかったり，殺虫剤耐性をもつ生物種が出現したりして，駆除が容易ではない。そこで，土壌にすむ微生物 *Bacillus thuringensis*（Bt）がつくる殺虫性タンパク質の遺伝子をトウモロコシに導入したBtトウモロコシが誕生した。このBtトウモロコシは，葉，茎および根などの植物体のすべての細胞から殺虫成分を出すので，アワノメイガの幼虫が幹に入り込んでも駆除できるのである。また，殺虫性タンパク質は人体には無害であり，体内に入ってもすみやかに分解され，安全性も確認されている。

　では，遺伝子組換え作物はどのように作るのであろうか。当初から広く使われている手法は，植物病原細菌アグロバクテリウム（*Agrobacterium tunefaciens*）をベクターとして利用する方法である。この方法により，先に述べた除草剤耐性ダイズは作られた。しかし，多くの単子葉植物，例えば，イネ，トウモロコシ，コムギのような穀物はアグロバクテリウムの宿主植物ではないので使えない。それに代わる方法としては，植物の細胞壁をセルラーゼで取り除きプロトプラストにしてDNAを導入する。プロトプラストは動物細胞と同じなので，10.2節で述べたエレクトロポレーション法によって細胞膜に穴をあけDNAを細胞内に導入できる。しかし，単離したプロトプラストから植物体への再生は一般には容易ではなく，穀物では特に難しい。再生しても不稔性になってしまう。したがって，細胞壁をもつ健全な植物体にDNAを直接導入する方法を考える必要があった。最も単純な方法は，細胞壁に直接針を差し込んで注入するマイクロインジェクション法がある。しかし，これもいくつかの理由であまり有効ではない。注入用の鋭い針は壊れやすくつまりやすい。1回の操作で注入できるのは1個の細胞にすぎず，非常に時間がかかる。熟練した技術も要求されるので商業的に成り立たない。一度DNAが細胞内に導入

されても，ゲノムにそれが組み込まれるという確実な保証はない。新しい遺伝子を確実に染色体へ導入するには少なくとも1万個の細胞にDNAを注入する必要がある。

そこで，遺伝子の導入効果を高めるために遺伝物質を一度にたくさんの細胞に打ち込む新しいパーティクルガン法と呼ばれる方法が，1987年にコーネル大学のJ.C. Sanfordらによって開発された[†]。この方法は，**図10.8**に示すようにDNAで覆った直径$1 \sim 2$ μmの金属球を十分に加速して細胞壁を貫通させ，DNAを細胞内に運び入れる方法である。このとき，細胞壁と細胞膜の破損箇所はただちに修復される。金属球は細胞質に残るが，十分に小さいので細胞機能にはなんら影響はない。**図10.9**には装置図を示す。DNAで覆ったタングステン粒子を弾丸に詰め込み，弾丸もろとも火薬で加速し植物細胞や葉に打ち込む。弾道には，弾丸をとめ中の粒子だけを打ち込むプレートを置く。排気口は

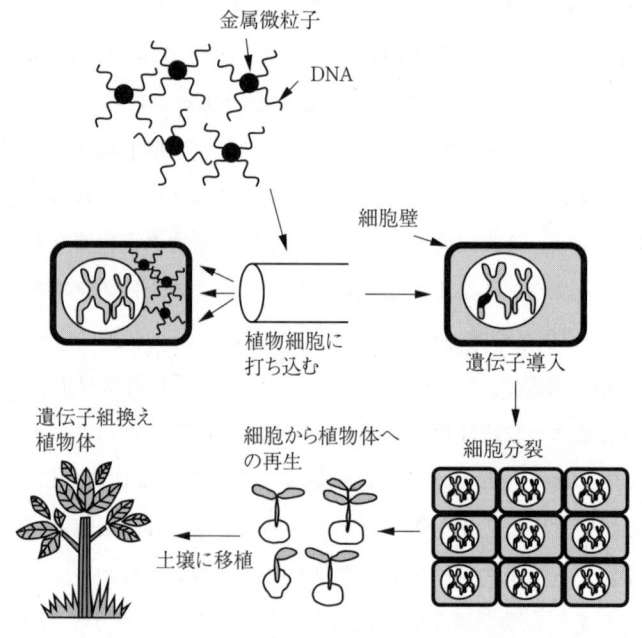

図10.8 パーティクルガンによる遺伝子組換え作物の作り方

[†] T.M. Klein, E.D. Wolf, R. Wu and J.C. Sanford：*Nature*, 327, 70 (1987)

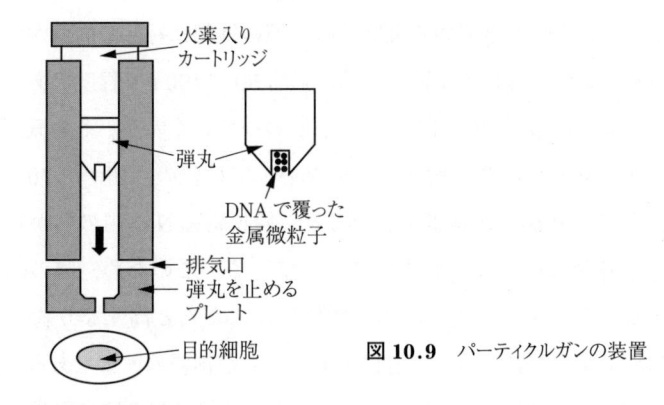

図中ラベル: 火薬入りカートリッジ／弾丸／DNAで覆った金属微粒子／排気口／弾丸を止めるプレート／目的細胞

図10.9 パーティクルガンの装置

火薬の爆発による爆風を逃がす。

現在では装置の改良もなされ，多くの植物の形質転換に利用されている。また，装置の操作は簡単であることも普及の原因となっている。

10.4 生体電気現象の計測

ヒトの体内の情報伝達や指向などの情報処理も電気信号によってなされている。これを担っているのが神経細胞であり，電気信号はこの神経細胞を伝わっていく。では，神経細胞はどのようにして電気信号を作っているのか。それは，イオンの濃度分布によって作られている。**表10.1**に示すように細胞の中と外ではイオンの濃度差が生じている。つまり，細胞内部ではK^+の濃度が高く，外部ではNa^+の濃度が高い。これは，細胞膜内に埋もれているイオンポンプがATPというエネルギーを使い，濃度勾配に逆らった能動輸送を行っている

表10.1 細胞内外のイオン濃度

イオン	細 胞 内〔mmol/l〕	細 胞 外〔mmol/l〕
K^+	160	4.5
Na^+	7	144
Cl^-	7	114
HCO_3^-	10	28

ためである。このため生きている細胞では，膜の外側に対して内側がマイナスになっている。これを静止膜電位と呼び，通常 50～100 mV 程度である。

では，どのようにして神経細胞を電気が伝わっていくのか。その概念図を図 10.10 に示す。通常の状態（興奮していない）では膜の内側が -70 mV になっている。だが，外部から刺激が加わると，膜にある Na^+ 用の穴が開く。こうして細胞の外側にある Na^+ が内側に入ってくる。このため，膜の内側の電位は上昇する。これを脱分極と呼ぶ。電位はだんだんと高くなり約 $+40$ mV になり，電位が膜の内側と外側で逆転する。これが神経の興奮である。静止状態と興奮状態の電位差は 100 mV 以上にもなる。神経細胞の膜に発生した電位の逆転はいつまでも続かない。時間がたつと膜に開いた穴は閉じて，膜の内側は元のマイナスに戻る。これが脱分極である。電気が伝わるためには，電気が流れた箇所のすぐとなりの穴が開く。こうして，再び Na^+ が膜の内側に入ることで電位が上昇する。そして開いていた穴が閉じることで，膜の内側は元のマイナスに戻る。すると，興奮が起こったすぐとなりの穴が開いて電気が流れ

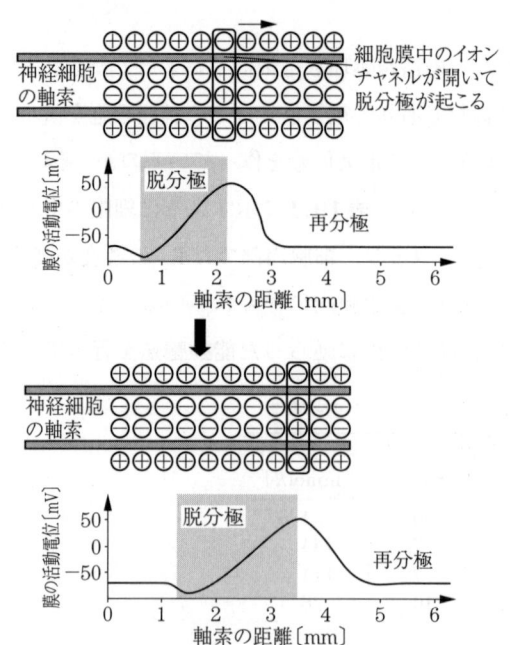

図 10.10 神経細胞の電気信号の伝達の様子

10.4 生体電気現象の計測

るというサイクルを繰り返し，電気が神経細胞の中を伝わっていく。この興奮状態によって生じる電位は一定であり，それより強くも弱くもならない。刺激が強いか弱いかは活動電位の大きさではなく，回数によって決まる。これは，ディジタル通信と同様の原理である。生物は誕生したときからすでにその体内でディジタル通信を行っていたのである。

　ヒトの神経系は，神経細胞が網目のように張り巡らされている。**図 10.11**に示すように神経細胞と神経細胞の間にはシナプスと呼ばれるすき間がある。ところが電気信号はこのすき間を通ることができない。そこでシナプスまで伝わった電気信号は，化学物質に姿を変える。つまり，神経伝達物質と呼ばれる化学物質がシナプスから放出され片方の細胞の表面にあるレセプタに結合し，再び電気信号に変えられ伝わっていく。この信号は逆方向には伝わらないので，雑音に強い通信システムであるといえる。

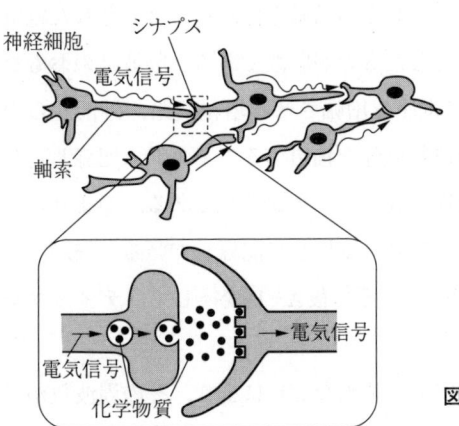

図 10.11　神経細胞網とシナプス

　生きていることはつねに生体が電気を発生していることになる。生体の心臓，筋肉，脳を構成する細胞集団が発生する活動電位を体の皮膚表面から観測したのが，それぞれ心電図，筋電図，脳波である。これらの電圧の大きさはおもに皮膚で減衰するために小さくなる。**表 10.2**にはさまざまな生体電気信号の大きさ，周波数範囲，導出電極と誘導部位を示す。

表10.2 生体電気信号の大きさと周波数範囲および導出電極と測定部位

生体電気量	電位の大きさ〔mV〕	周波数範囲〔Hz〕	導出電極	誘導部位
心電図	0.5〜4	0.01〜250	表面電極	四肢・胸部
脳波	0.001〜0.1	DC〜150	表面電極	頭皮上
表面筋電図	—	DC〜10 000	表面電極	筋肉上
眼球電図	0.005〜0.2	DC〜50	表面電極	内外両眼角部
網膜電図	〜0.6	DC〜50	表面電極	眼球
筋活動電位	0.01〜10	5〜5 000	皮下電極	筋肉内
皮質・深部脳波	0.1〜5	DC〜150	微小電極	脳内
神経細胞膜電位	10〜100	DC〜10 000	微小電極	細胞内

〔1〕脳　　　波

　脳は，神経細胞の集団であり，100億個以上の神経細胞がシナプス結合により複雑なネットワークを築いている。脳が活動するということは，この神経細胞が興奮を起こすことであり，このときこの活動に関与する多くの神経細胞の一つ一つが活動電位を呈している。これらの活動電位が足し合わされた電気信号を頭蓋の皮膚表面より電極で記録したものが脳波である。脳波計のおもな構成要素は，図10.12に示すように電圧を増幅させる増幅回路，外部からの雑音の混入を排除して目的とする周波数成分を抽出するフィルタ，記録した脳波を出力する出力部である。信号変換方式は，ディジタルである。つまり，連続な電圧信号を時間的に離散的な数値信号に変換して記録している。一般的には，増幅とフィルタ処理はアナログで行い，その後A-D変換して，ディスプレイ表示やメモリに記録される。

　脳波はヒトの活動状態（思考，安静，睡眠など）により，その周波数が異なり，周波数帯により，表10.3のように分類されている。安静で目を閉じた状

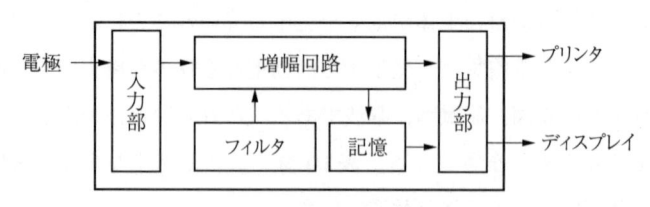

図10.12　脳波計の構成要素

10.4 生体電気現象の計測

表10.3 脳波の分類

種類	周波数範囲〔Hz〕	種類	周波数範囲〔Hz〕
δ 波	0.5〜4	β 波	14〜30
θ 波	4〜8	γ 波	30〜
α 波	8〜14		

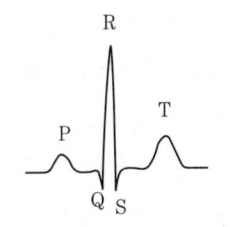

図10.13 一般的な心電図

態ではα波，起きて活動しているときはβ波，また入眠時のθ波，さらに深い眠りにはδ波が正常成人の睡眠波として観測される。これらの正常脳波から大きく異なる脳波を病的脳波として，脳障害などの診断に利用できるが，脳波のメカニズムについてはまだ未知なところが多く絶対的なものではない。

〔2〕心 電 図

心臓の細胞は，固有心筋と特殊心筋の二つに分けることができる。固有心筋は興奮すると収縮し，このとき心房や心室は収縮して血液を拍出するのである。心房と心室を形成している固有心筋が興奮すると，各固有心筋は一つの細胞のように同時に興奮・収縮する。心電図は，心臓の活動によって発生する電位を四肢体間に電極を当てて観測する。図10.13に一般的な心電図を示す。心房の固有心筋が興奮することによりP波が，続いて心室筋の興奮によりQRS波が現れる。さらに，心室の固有心筋の興奮が終わるときにT波が観測される。心電計の装置構成は，脳波計とほぼ同じである。心電図は，不整脈，狭心症，心筋梗塞の診断には欠かせない検査法である。

〔3〕筋 電 図

筋細胞が興奮するとその膜電位は一過性に変化する。この活動電位を細胞外から測定したものが筋電図である。筋電図は，筋細胞に電極を刺したり，筋肉の皮膚上に貼付した電極を増幅器やフィルタに接続して計測する。計測が容易なのは後者であり，表面筋電図と呼ばれる。この表面筋電図に関しては，多くの研究が行われた結果，静的な運動時では筋電図解析から得られる種々の評価指標がどのような生理学的要因と関係があるかがわかってきた。しかし，動的な運動では，まだ十分に生理学的な要因との関連性が解明されていない。一つ

の応用として,これを用いて義手,義足の制御にも利用されている。

〔4〕 パッチクランプ法

　脳波や心電図などは生体外から測定するのに対し,神経細胞に直接電極をあてて細胞の活動を測定するパッチクランプ法について述べる。パッチクランプ法は,細胞内外の電位差やイオンチャネルの検出方法として1976年にE. NeherとB. Sakmannによって開発され[†],その功績により1991年ノーベル医学生理学賞を受賞している。まず,先端が1 μm角の微細なガラス管を作製する。つぎに,このガラス管で細胞膜を吸引し細胞膜内外の電位差やガラス管に囲まれた部分の細胞膜(パッチと呼ぶ)に存在するイオンチャネルの開閉を観測する(図10.14)。この方法の特徴は,ガラス管の中を少し陰圧に設定するとパッチが半球状にガラス管に吸い込まれ,ガラス管と細胞膜の間のシールがよくなって電流の漏れが大幅に低減できることにある。この条件下での漏れに対する抵抗は10 GΩ以上となり,雑音が大幅に減少し,電極電圧を自由に設定でき,機械的にも丈夫になり,普及するようになったのである。

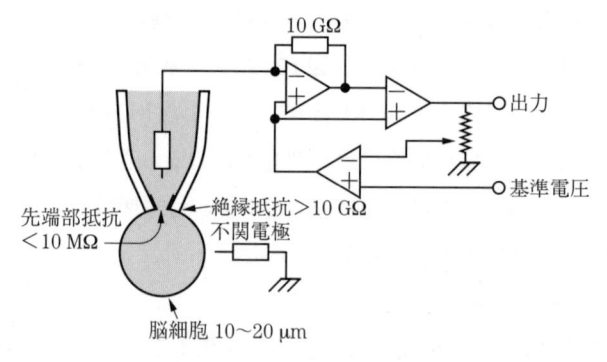

図10.14　パッチクランプ法の原理図

　図10.15に示すようにパッチクランプ法にはさまざまな種類がある。細胞にガラス管微小電極を押しつけてそのまま電流を測定する方法をcell-attachedパッチと呼ぶ。パッチの一方は細胞内に面しており,生理的なイオン環境およびチャネルの活性に影響を与える細胞因子も保たれている。細胞内の

---

†　E. Neher and B. Sakmann：*Nature*, 260, 799（1976）

10.4 生体電気現象の計測

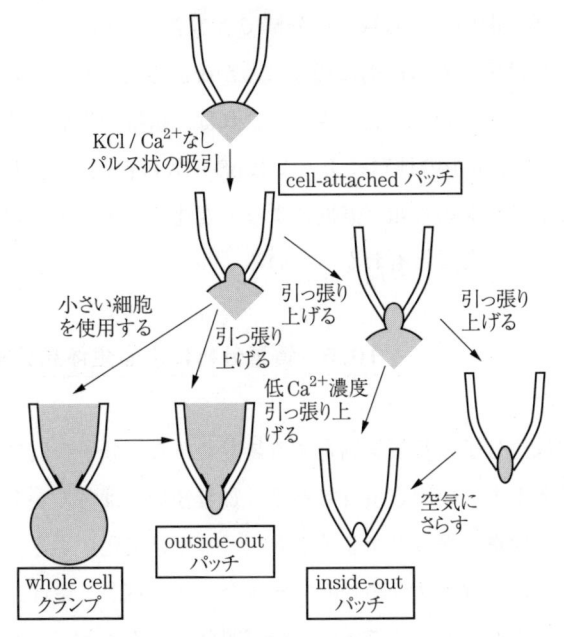

図 10.15 さまざまなパッチクランプ法

種々の変化に伴うチャネル活性の変化をみるのに適している。

　cell‐attachedパッチを引き抜いて細胞から離すとinside‐outパッチとなり，細胞内を向いていた側を自由に灌流できるチャネル活性に必要な細胞因子が失われて不活性化する場合もある。cell‐attachedパッチからさらに陰圧を加えてパッチを破るとwhole‐cellクランプになる。単一チャネルの活性をみることができないが，これによりこれまでガラス毛細管がさせなくて細胞内誘導の取りにくかった小さな細胞でも容易に観察できる。whole‐cellクランプの状態からガラス管電極を引き抜くと，ガラス管に付着した細胞膜断片が再シールしてoutside‐outパッチが得られる。細胞外に面していた側が外に露出しているので細胞外から効くリガンドを与えるのに適している。

　パッチクランプ法によって1分子のチャネルタンパク質が，開状態と閉状態の間を往復する様子が実時間で観測できるようになり，あるイオンに対する透過性という一つのパラメータで表されてきたものが，チャネルの質（一つ当り

の大きさ）と量（開いている数）に分解できるようになった。1個のチャネルを通過する電流はオームの法則に従うことが確認され，その1分子当りのコンダクタンスがチャネルの大きさを表す。これは，抵抗の逆数であるジーメンス（S）で表す。チャネルの種類によって数pS～数百pSまでさまざまあり，同じチャネルでもイオンの種類と濃度によって変化し，チャネルのイオン選択性はこの違いに由来することもわかっている。

10.5　質量分析による生体高分子の分析

　質量分析法は，分子の質量を測定する装置である。分子の質量は，化学分析においては必要不可欠な測定項目である。質量分析法は古くから開発されていたが，測定物の構造を保ったままイオン化（イオン気化）することが困難なため測定できるのは低分子化合物のみであった。ところが，最近，タンパク質のような生体高分子もイオン化できる技術が開発されるようになり，生体物質の分析の一手法として幅広く使われている。タンパク質分析ができる質量分析法は，従来のタンパク質分析法のウエスタンブロット法（10章）に比べ，わずかな試料量で，短時間に測定できることである。例えば，医療においてタンパク質の異常構造の原因となる遺伝病などの判断を迅速，簡便，的確に下すことができる。医薬品の開発には欠かせない。10.5節では，生体高分子の質量分析法について述べる。

　質量分析法は，種々の方法でイオン化した化合物を質量/電荷数（m/z）に応じて分離した後に検出記録する。図10.16に装置のブロック図を示す。試

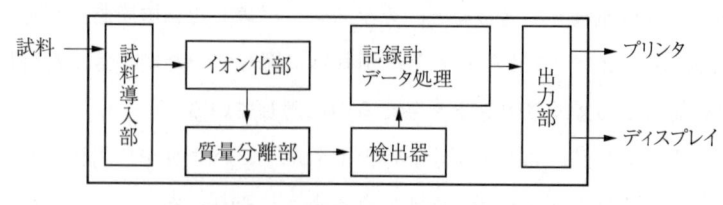

図10.16　質量分析装置のブロック図

10.5 質量分析による生体高分子の分析

料導入部からイオン化部に入った試料はそれぞれのイオン化法によりイオン化され，質量分離部に向かって電気的に加速されて飛び出す。質量分離部では質量別（厳密にはm/z）で分離されて検出部に到達する。質量分離部は，真空ポンプによって高真空に保たれている。これは，大気中ではイオンが大気に衝突する確率が高く，正確な分析が行えないためである。装置全体の制御および分析記録はすべてコンピュータによってなされる。質量分析法の分類は，おもにイオン化法と質量分離部の二つでなされるが，それぞれについて述べる。

〔1〕 **イオン化法**

質量分析は，真空中で行うため測定試料をイオン気化させる必要があった。低分子化合物は，常温で気体や液体のものはイオン気化が容易であった。しかし，高分子化合物ではイオン気化の際に高エネルギーを与えるために，分子がばらばらになり（フラグメンテーションという）分析が容易ではない。このため，さまざまなイオン化法が開発されている。ここでは，生体高分子を壊すことなくイオン気化できる方法として確立されているエレクトロスプレーイオン化法とマトリックス支援レーザ脱離法について述べる。

① **エレクトロスプレーイオン化法**　エレクトロスプレーイオン化法（electrospray ionization，略してESI）は，図**10.17**に示すように注射針に試料溶液を送り高電圧を印加すると，電界により帯電した液体が引き出さ

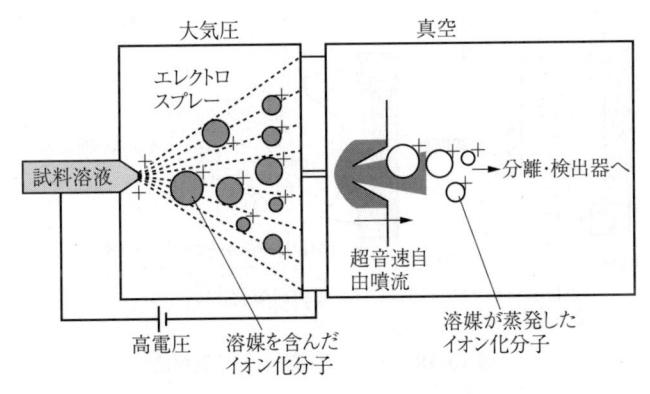

図 10.17　エレクトロスプレーイオン化法

れ，注射針の先に円錐状の液柱が形成される。円錐のとがった先端には，そこの曲率半径に反比例して強くなる急峻な電場勾配が作られる。強い電界は，帯電した細い液柱をちぎり，多くのプラスイオンを表面にのせた帯電液滴が注射針の先端から噴霧される。この強い電界中での噴霧プロセスにより，高密度にイオンを噴霧液滴の表面にのせることができる。試料分子が液滴中に含まれれば，液滴から溶媒分子が蒸発した後に，その分子と液滴表面の多数のイオンが会合し，多電荷イオンが形成される。イオン化は大気圧中で行われ，イオン化された試料は，小さい穴から真空中の質量分離部に導入される。分子量10万までの分子が壊れることなくイオン化できる。この方法は，J.B. Fennによって開発され[†]，その功績により2002年のノーベル化学賞を受賞した。

② **マトリックス支援レーザ脱離法** 測定試料の表面に直接レーザ光を照射してイオン化させるレーザ脱離法はあった。しかし，この方法では，試料分子自身が直接レーザ光のエネルギーを吸収するため，熱的に不安定なタンパク質などは分解することなくイオン化することは不可能であった。一方，**図10.18**に示すように，マトリックス支援レーザ脱離法（matrix assisted laser desorption ionization, 略してMALDI）は，レーザエネル

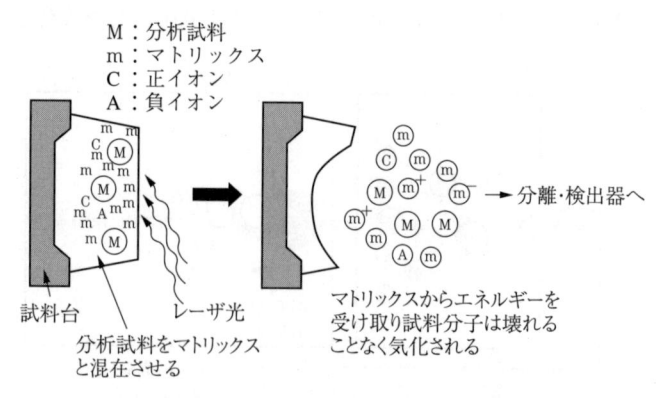

図10.18 マトリックス支援レーザ脱離法

[†] M. Yamashita and J.B. Fenn：*J. Phys. Chem.*, 75, 5 355（1984）

10.5 質量分析による生体高分子の分析

ーを効率よく吸収する「マトリックス」と呼ばれる大過剰の試薬中に試料分子を均一に分散させ，その表面にレーザ光をパルス照射する。その結果，マトリックス分子が光エネルギーを共鳴吸収して，イオン化するとともに急速に加熱されて気化する。この際，レーザ照射による試料分子の直接的な気化は起こらないが，試料分子を取り囲んでいたマトリックス剤が瞬時に気化することに伴って，試料分子もほぼ同時に気相に放出され，イオン化したマトリックス剤分子と一部の試料分子との間でプロトンや電子などの授受が起こり，試料分子がイオン化される。この手法も難揮発性で熱的に不安定なタンパク質などの高分子を容易にイオン化できる。この手法は，K. Tanakaらによって開発され[†]，その功績により2002年のノーベル化学賞を受賞した。

〔2〕 質 量 分 離 部

質料分離部もさまざまなタイプのものがある。図10.19には，二重収束磁場型質量分析器（Nier–Johnson型）である。イオン化した分子は電場にも磁場にも曲げられる。電場では，式(10.1)のような力F_eを受ける。

$$F_e = eE \tag{10.1}$$

磁場では，式(10.2)のような力F_mを受ける。

$$F_m = eBv \tag{10.2}$$

一方，質量をもつ物体は慣性によってまっすぐ進もうとするので，運動方向が曲げられることでイオンには遠心力F_cが働き式(10.3)で表される。

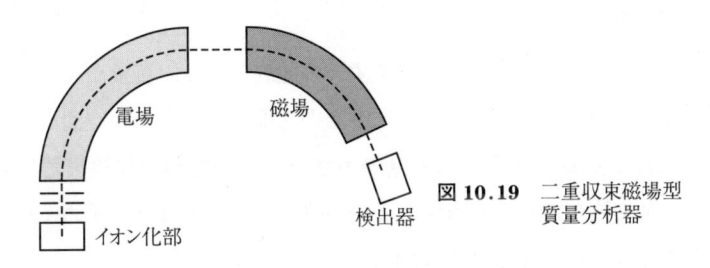

図10.19 二重収束磁場型質量分析器

[†] K. Tanaka, H. Waki, Y. Ido, S. Akita, Y. Yoshida and T. Yoshida : *Rapid Commun. Mass Spectrom.*, **2**, 151 (1988)

$$F_c = \frac{mv^2}{r} \tag{10.3}$$

ただし，mはイオンの質量，rは運動の半径である．したがって，電場中では運動半径r_eは，式(10.1)と式(10.3)より式(10.4)のように表される．

$$r_e = \frac{mv^2}{eE} \tag{10.4}$$

磁場中では，式(10.2)と式(10.3)より式(10.5)のように表される．

$$r_m = \frac{mv}{eE} \tag{10.5}$$

したがって，電場や磁場を変化させることで運動半径を測定することにより分子の質量を測定することができる．実際には，曲率が一定の管を通して特定の曲率をもつイオンを捕らえることになる．図10.19の装置では，電場で運動エネルギーが一定の分子を取り出し，磁場を変化させてスペクトルを得ることで高分解能な測定を可能にしている．

分子量が1万以上の物質を測定する場合，式(10.1)や式(10.2)からわかるとおりrが大きくなり，装置の設計が容易ではない．この欠点を克服したものが，図10.20に示す時間飛行型（time-of-flight，略してTOF）質量分析器である．一定の電圧をかけてイオンを加速すると電圧Vに応じた運動速度vがすべてのイオンに対して式(10.6)のように与えられる．

$$v = \sqrt{\frac{2eV}{m}} \tag{10.6}$$

これらの式は，質量が大きいほどイオンの速度は遅く，質量が小さいほどイオンの速度は速い．したがって，一定距離の電場も磁場もない空間を検出器に向かって飛行させるとイオンは質量の小さいものから順番に検出器に到達する．イオンを加速してから到達するまでの時間を測定すれば，そのイオンの質量が測定できる．その関係は式(10.7)のようになる．

$$t = \frac{l}{v} \tag{10.7}$$

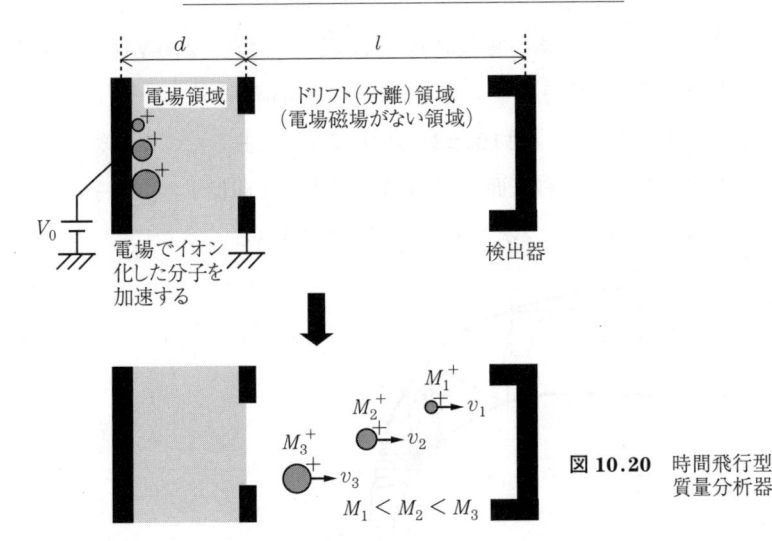

10.5 質量分析による生体高分子の分析

図 10.20 時間飛行型質量分析器

ここで，t は飛行時間，l は飛行距離である．

〔3〕 検 出 部

① **写真検出** 磁場の強さを一定にして，**図 10.21** に示すように写真乾板上に軌道半径の異なるすべてのイオンが同時に検出される．しかし，1回の分析ごとに写真を現像しなければならない．

② **2次電子倍増管** この方法は，多くの装置で用いられている．イオンが金属表面に衝突すると複数の2次電子が放出される性質を利用する．**図 10.22** のように順に高電圧を印加した複数の電極（ベリリウム−銅合金）を対抗させながら並べておくことで，放出された電子はつぎの電極でさらに多くの電子を放出させる．したがって，最終段では大きな信号を取り出

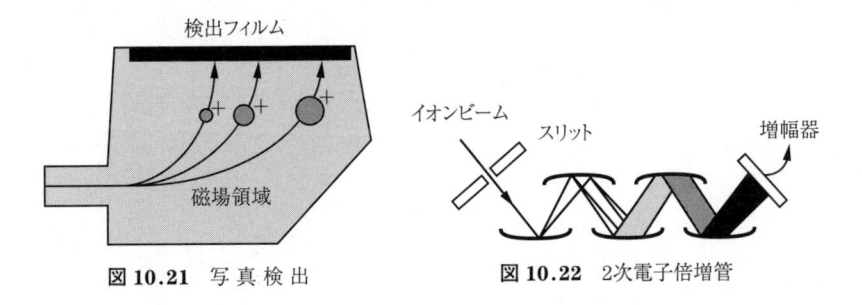

図 10.21 写 真 検 出

図 10.22 2次電子倍増管

すことができる．電極の総数は12～20段で1段当り200 V程度の電位差をつける．これによりイオン電流を10^7倍に増幅できる．

③ **チャネルトロン**　図**10.23**に示すように湾曲したガラス管の内面を半導体で被覆し，その表面に2 kV程度の電圧を印加する．電子は内壁と衝突を繰り返すごとに2次電子を放出し増幅される．

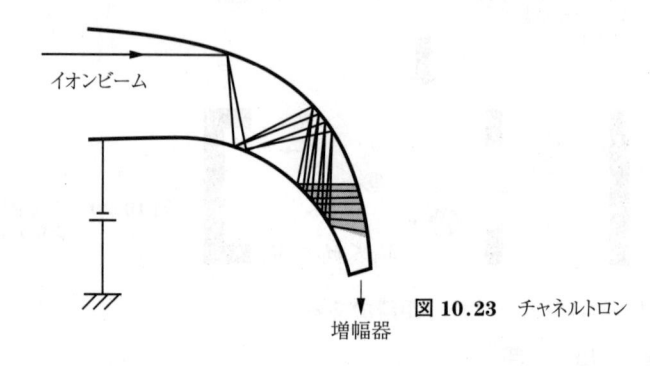

図**10.23**　チャネルトロン

④ **光電子倍増管**　分離されたイオンを変換ダイノードに加速，衝突させ，生成した2次電子をさらに蛍光板に衝突し発生する光子を光電子倍増管で増幅する．光電子倍増管の原理は，5章で述べた．

11 バイオセンサーの新展開

11.1 はじめに

　本書では，実用化バイオセンサーを中心に解説した。これまでに多くのバイオセンサーが提案，試作されてきたが，実用化にまで至ったものはごくわずかである。実用化に至るには，第1には，測定したい必要性があることである。第2には，従来の方法では操作が煩雑であり高価な装置が必要であること，または従来の方法では測定できないことである。第3には，製造販売を行い十分な収益が上がることである。以上のような経緯を踏まえ，11章では将来実用化されると予想されるバイオセンサーを展望することで本書のまとめとする。

11.2 微小化学分析システム

　バイオセンサー単体の微小化については多くの研究がなされており，すでに採り上げた。例えば，半導体技術を用いたISFETが典型である。現在は，MEMS (micro electro mechanical system) またはμTAS (micro total analytical system) という技術が注目を集めている。この技術は，図11.1に概念図を示すようにバイオセンサーの測定系，すべてを1 cm^{2}程度の大きさのシリコン基板やガラス基板に集積化したものである。測定系は，センサーヘッド，フローセル，分離カラムなどがあり，これらを半導体/マイクロマシニングの技術を用いてワンチップに集積する。特に，シリコン基板などに微小流路

図 11.1 μTAS の概念図

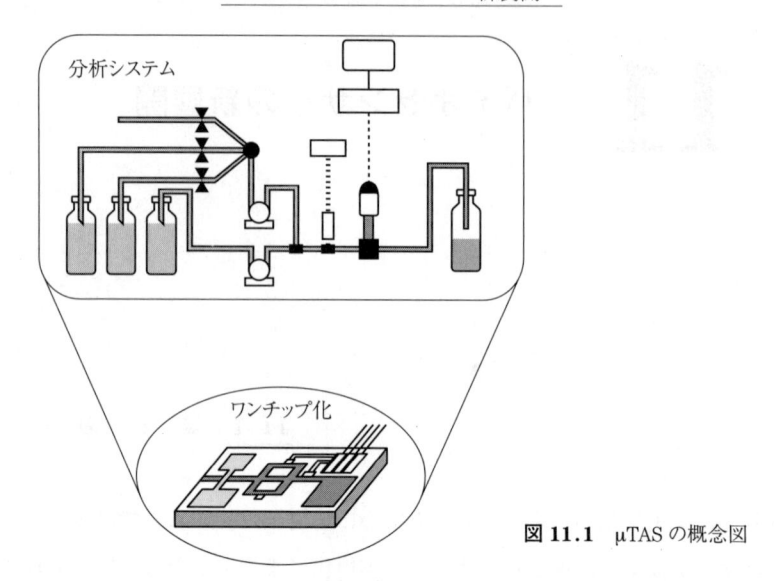

を作製する．サンプルの注入は毛細管現象や電気浸透を利用する試みがなされている．

この技術は，分析システムを微小化することで，測定試料が少なくてすむ．特に，DNA検体はそれ自体が微量であるのでこのような分析チップは有効である．また，マクロなフロー系と異なり溶媒の消費や分析エネルギーも格段に少なくでき，環境に配慮した技術である．現在，健康診断チップの開発などが精力的に進められている．簡便でコンパクトなシステムであるのでこれが実現できると万人がどこでも持ち運んで使用できる．また無線通信を利用することにより，いつでもどこでも健康状態を管理することが可能になる（4章参照）．

11.3 化学増幅型バイオセンサー

細胞表面には，さまざまなレセプタがあり，ホルモンや神経伝達物質などの分子情報を認識し，細胞内に情報を伝達している．レセプタも酵素や抗体あるいはDNAと同じように特定の物質を厳密に識別している．例えば，体内のグルコース濃度の調節機構もホルモンによって制御されている．**図11.2**には，

図 11.2 血糖値上昇のしくみ

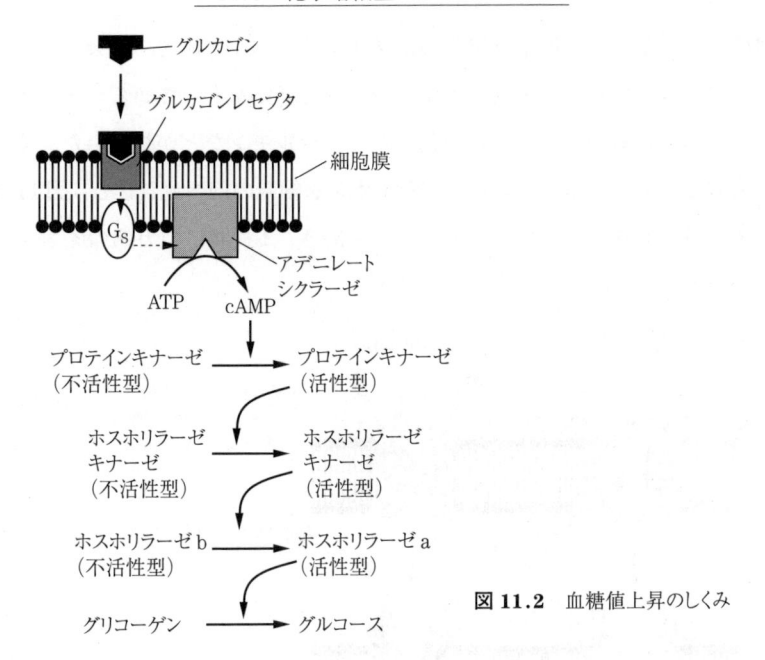

ホルモンによるグルコース濃度の上昇のしくみを示す。血液中のグルコース濃度が下がると膵臓のランゲルハンス島からグルカゴンというホルモンが血液中に放出される。グルカゴンがレセプタに結合するとGタンパク質を介してアデニレートシクラーゼという酵素を活性化する。Gタンパク質にはアデニレートシクラーゼを活性化するもの（G_s）と抑制するもの（G_i）がある。アデニレートシクラーゼはATPからサイクリックAMP（cAMP）を合成する酵素である。cAMP依存性プロテインキナーゼはホスホリラーゼキナーゼという酵素をリン酸化して活性化し，活性化されたホスホリラーゼキナーゼはホスホリラーゼb（不活性型）をリン酸化して活性化（ホスホリラーゼa）する。こうして生成した活性型のホスホリラーゼaはグリコーゲンを分解してグルコース-1-リン酸を生産し，リン酸除去酵素によってグルコースが大量に生産される。一般に10^{-9} mol/l 程度のホルモンによって10^{-3} mol/l 程度のグルコースが制御される。

また，神経細胞内を伝わる電気信号は，イオンの濃度差によって生じた電位

を利用している。この役割を担うのがイオンチャネルである。イオンチャネルはタンパク質であり，分子内にイオンが通れる通路をもっている。チャネルは普段は閉じているが，膜電位が変化したり，ホルモンなどが結合したりするなどの刺激を与えると開き，細胞の外のイオンが細胞の内へ流れ込む（**図11.3**）。チャネルは，1個の分子が結合することで開き，1秒間に数万個のイオンを細胞外から細胞内へ流入させる。

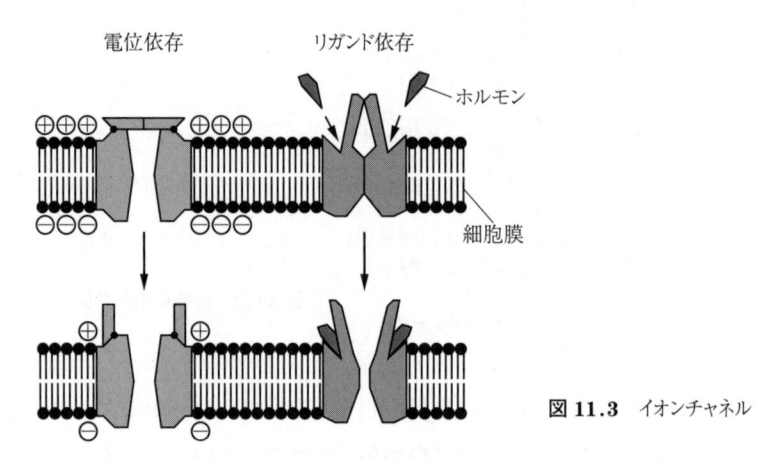

図11.3 イオンチャネル

このように1個の分子で数千〜数万個の分子が制御されており，これを化学増幅作用と呼ぶ。このような生物機能を模倣したバイオセンサーが提案され始めている。

11.4 生体模倣素子

生体分子や生物は「なまもの」であり，長期安定性に欠け，このことが工業化あるいは実用化を阻む要因になっている。そのため，生体分子のもつ優れた分子識別力を人工的に実現する試み，すなわち生体模倣素子の開発がなされている。代表的な例は，2章で述べたイオノフォアである。このイオノフォア以外にも目的の分子を識別する分子の合成が行われている（**図11.4**）。このような分野をホストゲスト化学と呼ぶ。しかし，これらの化学物質の合成には多段

11.4 生体模倣素子

(a) シクロデキストリン   (b) カリックスアレーン

(c) クレフト分子

図11.4 さまざまな超分子

階の化学反応を要し，収率が低い場合には材料を数百kg使用して得られた化合物が数mgの場合もしばしばある．材料だけではなく，反応のための溶媒も多く消費する．したがって，低コストのバイオセンサーを実現するにはまだ時間がかかる．

これに代わる手法として，分子インプリント法（鋳型重合法）が注目されている．図11.5に示す基質に類似した形の化合物である鋳型分子（認識させた

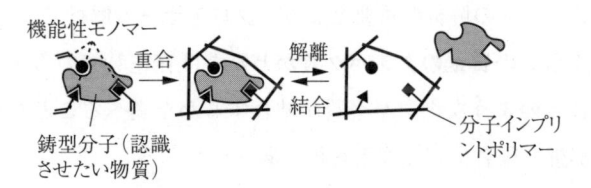

図11.5 分子インプリント法の概念図

い物質）をその鋳型分子と相互作用するような化合物（機能性モノマー）とともに重合させ，その後に鋳型分子のみを取り除くものである。ここで得られたポリマーは鋳型分子の形状と化学的性質を記憶しており，その構造類似体である鋳型分子と特異的に相互作用する。この手法は，複雑な分子設計や合成プロセスなしに目的の素子を合成できる。しかも，ポリマーであるのでセンサー材料として即使用できる。これに対して，イオノフォアなどは低分子であるので液膜形成などのセンサーとして使用するには工夫が必要であった。

　この手法で，さまざまな分子を認識するポリマーが合成されている。特に，農薬などの環境負荷物質を識別するポリマーが報告されている。この素子は，人工的に低価格で実現できるほかに，有機溶媒中で機能を発揮することに特徴がある。これに対し，生体分子は水溶液中のみで機能を発揮し，有機溶媒中では失活して機能が発揮できない。多くの環境負荷物質は，疎水性をもつため水よりは有機溶媒に溶解しやすい。実際に，土壌や作物の残留農薬の分析では，検体を有機溶媒で処理することが多い。このため，分子インプリントポリマーは新しい分析法として注目されている。また，分子インプリントポリマーを用いたセンサーも報告されている。

11.5　プロテインチップ

　遺伝子チップは，遺伝子の発現解析や一塩基変異を迅速簡便に検出する手段として開発された。これは，従来のサザンブロット法の延長線上にある。一方，ヒトゲノム解読が終了した現在，ゲノム情報に従って発現するタンパク質群，つまりプロテオームの解析が重要となる。プロテオーム解析では，細胞や血液などにどのくらいの質量のタンパク質がどれだけ存在しているか，あるいは，タンパク質にどのようなタンパク質が結合するかを調べることが焦点である。前者は発現解析，後者は相互作用解析である。

　従来の発現解析は，図11.6に示すようなウエスタンブロット法や10章で述べた質量分析が用いられている。また，相互作用解析には6章で述べた表面プ

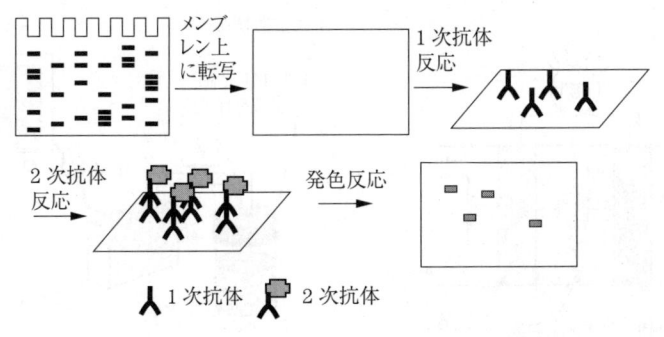

図 11.6　ウエスタンブロット法

ラズモン共鳴バイオセンサーが用いられている．これらの手法は，煩雑な手法と大がかりで熟練を必要とする装置が必要であり，また一度に最大で数種類の系（抗原－抗体）にしか適用できない．そのため，解析にも時間を要した．プロテインチップとは，プロテオーム解析を迅速簡便に行う装置であるといえる．プロテインチップは，さまざまな仕様や形状のものが，さまざまな例において研究開発が進められている．開発は群雄割拠の状態であるが，近い将来はDNAチップのように概念として確立され，具体的な形となって現れるであろう．

11.6　生物燃料電池

燃料電池は図11.7に示すように水素と酸素で化学反応を起こし，エネルギーを取り出す．廃棄物が水だけであり，地球温暖化となる二酸化炭素や大気汚染の原因となる窒素および硫黄酸化物を一切排出させないのでクリーンエネルギーとして注目されている．特に，自動車用や家庭据置き自家発電などの用途に開発研究が進められている．しかし，水素は常温常圧では気体であるために生産と貯蔵に大きな問題を抱えている．水素生産菌や光合成菌は，水素を生産するので，これを利用した生物燃料電池の開発も進められている．イメージは，図11.8に示すように生ゴミを溶解・精製して糖の水溶液を作る．これを水素生産菌などの入った培養器に入れると微生物は糖を資化して大量の水素を生産

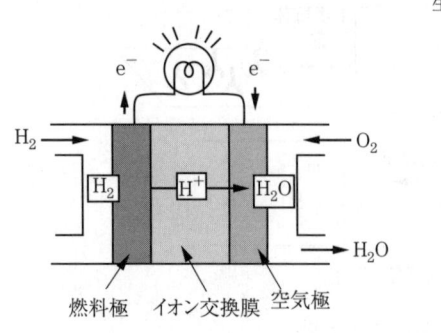

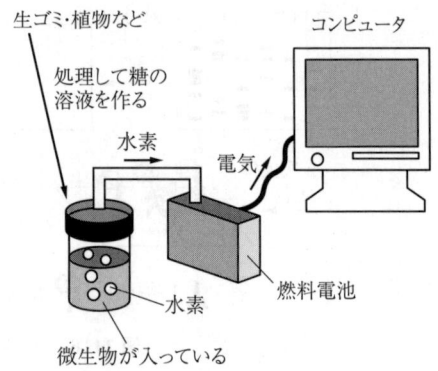

図 11.7 燃料電池の概念図　　　**図 11.8** 生物燃料電池の概念図

する。この水素を燃料電池に送り込んで発電する。用途は携帯電話やノートパソコンなどの電源として期待できる。6章で述べた微生物センサーと構造はほとんど同じであり，電源を与えて電流を測定するのがセンサーであり，電流を取り出してエネルギーを得るのが電池である。したがって，バイオセンサーの技術がそのまま利用できるのである。

付録　エレクトロニクスの基礎

付1　は　じ　め　に

　バイオセンサーは，生物機能とエレクトロニクスの組合せであるということを何度も説明した。しかし，本文内ではエレクトロニクスに関する説明が不十分であるので，付録として，バイオセンサーを理解する上で必要なエレクロニクスの基礎をまとめた。

付2　半　　導　　体

　エレクトロニクスの中心である物質は半導体シリコンである。シリコンは，周期表のⅣ族に属する。半導体は，その名のとおり金属よりは電気が流れないが絶縁体よりは電気が流れる物質である。抵抗率が，$10^{-2} \sim 10^4 \Omega m$ 程度が半導体である。半導体のうち，単体で純度の高い物質の抵抗は絶縁体に近い。これを真性半導体と呼ぶ。これに，Ⅲ族やⅤ族の不純物を添加することで電気抵抗が下がり，添加する不純物の量を調整することで抵抗をある範囲内で自由に変えることができる。これを，不純物半導体と呼ぶ。

　シリコンは，最外殻軌道に4個の原子が入っている。この4個の電子は価電子と呼ばれ，原子どうしを結びつける働きをする。1個の原子が孤立しているとき，その原子に属する電子はとびとびの値（量子状態と呼ぶ）をもっている。しかし，同じ原子がたくさん集まって規則正しく並んだ結晶中では，電子の軌

道は原子間相互の距離が近づくにつれて大きな影響を受ける。したがって，エネルギー準位も影響を受ける。原子間隔が十分大きいとその準位は単独原子と同じである。しかし，近づくにつれて各原子の外殻原子はこの原子群という一つの系に取り込まれる。パウリの排他律より，すべての電子は同一のエネルギーをとることができないので，原子どうしが近づくにつれて1本の準位が2本にわかれる。しかも，単独の場合よりも低い準位ができる。たくさんの原子が集まった場合にはたくさんのエネルギー準位が生じる（**付図1**）。ただし，エネルギーが最高の準位と最低の準位のエネルギー差は原子間隔で決まるために，エネルギー準位はこの範囲では連続である。この連続的なエネルギー準位の集まりのことをエネルギー帯という。結晶の電気的性質はこのエネルギー帯の分布がどのようになっているかによって決められる。IV族元素の結晶の最外殻電子は絶対零度ではすべての原子どうしを結びつける働きをしている。つまり，共有結合の手になっている。このエネルギー帯を価電子帯と呼ぶ。この価電子帯のすぐ上には電子が存在できないエネルギー帯があり，これを禁止帯と呼ぶ。さらにエネルギーの高いところに電子が存在できるエネルギー帯があって，かりにここに電子があれば電気伝導性を生じるので伝導帯と呼ぶ。

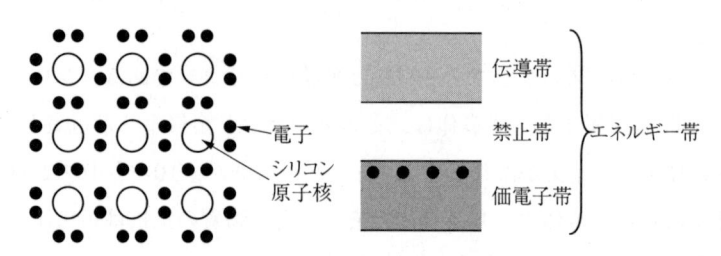

付図1 価電子とエネルギー帯

温度を上げていくと原子の熱振動が激しくなり，いままで共有結合の手となっていた価電子のあるものは熱エネルギーによって伝導帯に上がって原子核の束縛から離れ自由に動くことができる。電子が伝導帯に上がると，価電子帯には電子の抜け出てしまった穴ができる。この穴は共有結合の手がない部分で外から電界を加えると別の電子が容易にこの穴に入り込み穴は埋まる。その代わ

り移動してきた電子の元の場所では共有結合の手がないことになり，穴となっている。このときの穴の移動に着目すると，電子の移動と反対方向すなわち電界の向きに穴は動くことになり，あたかも正の電荷をもった粒子のように振る舞う。それでこの穴のことを正孔と呼ぶ（**付図2**）。真性半導体では伝導帯に上がって，自由に動ける伝導電子と同数の価電子帯の正孔が電流の担い手（キャリヤと呼ぶ）となる。絶対零度ではすべての最外殻電子が価電子帯にあったのが，温度を高くすると熱エネルギーによって伝導帯に上がることで電子ができ，伝導電子とそれと対をなす正孔が生じ，電気伝導ができる。

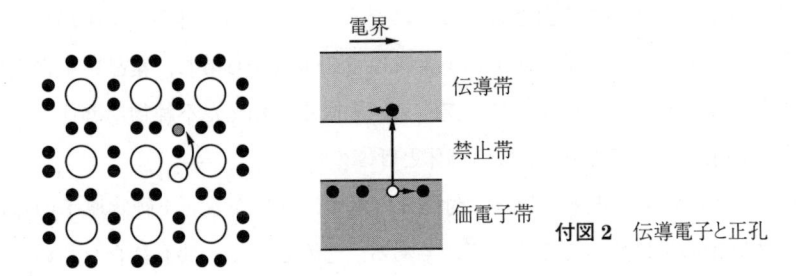

付図2 伝導電子と正孔

禁止帯の幅は物質の種類によって異なる。**付図3**に示すように半導体と絶縁体の電子構造は同じであり，禁止帯の大きさで決まる。禁止帯の幅が大きいと常温付近での熱エネルギーでは価電子は結合の手を振り切ることができない。つまり，価電子帯の電子が禁止帯を超えて伝導帯に移ることができない。そのためキャリヤ量が少なく電気が流れにくく絶縁体となる。ただし，温度を高く

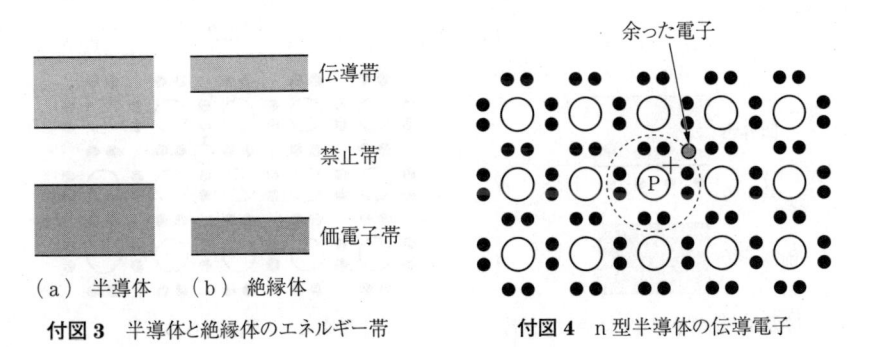

付図3 半導体と絶縁体のエネルギー帯

付図4 n型半導体の伝導電子

すれば伝導電子などが増え，電気伝導が生じる。

実際に使われている半導体では不純物を入れてキャリヤ濃度を高めている。不純物としてリンやヒ素などのV族元素を微量に加える。すると，**付図4**に示すように，不純物は結晶格子を乱さないように半導体の原子の正規な位置に入る。V族の原子は5個の価電子をもっていて，このうち4個の価電子はまわりのIV族元素である半導体原子と結合するが，残り1個の電子は余った状態になる。V族の原子は電気的には5個の価電子をもっているときに中性であるから，結晶中ではこの不純物原子は正イオンになっている。結晶中では余った電子と不純物原子とは弱い力で引き合うことになる。そのため，外から電圧が加えられると，この余った電子は簡単に不純物原子の束縛から離れ，結晶中を自由に動くことができる。このようにV族の元素を微量に加えた不純物半導体ではキャリヤが余り電子であり，n型半導体と呼ぶ。

n型半導体のエネルギー帯は，**付図5**に示すようになる。不純物原子の量は半導体原子の量に比べてごくわずかである。したがって，共有結合している電子のエネルギー帯はほとんど変わらず，そこに余った電子のエネルギー準位が加わることになる。余った電子は不純物との結合が弱いから，不安定であり，エネルギー準位が高いことを意味する。したがって，この準位は伝導帯のすぐ下に位置する。伝導帯とのエネルギー差が禁止帯よりも小さいので，この準位の電子は常温で簡単に伝導帯に移り，電流キャリヤとなる。この余った電子のエネルギー準位のことをキャリヤを供給するという意味でドナー準位と呼ぶ。

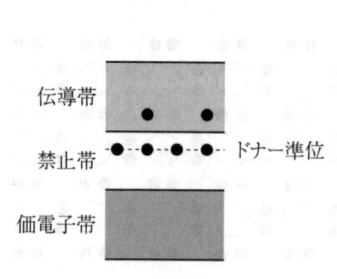

付図5 n型半導体のエネルギー帯

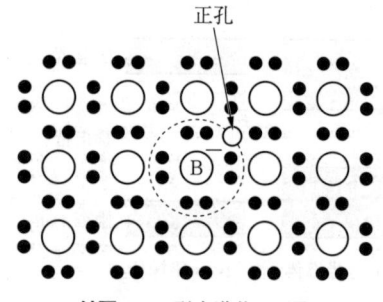

付図6 p型半導体の正孔

伝導帯の底とドナー準位のエネルギー差は常温での熱エネルギーよりも小さく，余った電子のほとんどは伝導帯へ上がる。この結果，真性半導体に比べ抵抗率が小さくなり，電流が流れやすくなる。また，余り電子は添加する不純物の量と等しいため，不純物を制御することで電気抵抗を自由に設定できる。

一方，不純物としてアルミニウムやホウ素などのIII族元素を加える。III族元素は最外殻軌道に3個の電子をもっている。これが結晶に入ると，**付図6**に示すようにどこかの電子1個を捕まえ，IV族の半導体原子と4本の手で結合する。この結果，不純物原子のまわりのどこかに価電子が抜けた部分，すなわち正孔が存在することになる。この不純物原子は電子が1個多いから負イオンになる。この正孔は，余り電子と同様に不純物原子の束縛から簡単に離れて動けるようになるので電流キャリヤとなる。この半導体をp型半導体と呼ぶ。

p型半導体のエネルギー帯は**付図7**に示すように，正孔の存在によって価電子帯のごくわずか上方に新しいエネルギー準位ができる。このエネルギー準位は価電子を簡単に引きつけて価電子帯に正孔を残す。この準位のことを電子を受け取るという意味でアクセプタ準位と呼ぶ。価電子帯の頂点とアクセプタ準位のエネルギー差は常温での熱エネルギーよりも小さく，ほとんどのアクセプタ準位は価電子帯からの電子を受け取っている。したがって，p型半導体も真性半導体に比べ電気抵抗が低い。

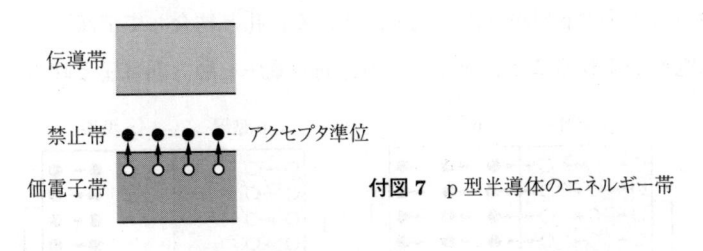

付図7 p型半導体のエネルギー帯

付3 ダイオード

半導体結晶の一方の領域にIII族元素を，他方の領域にV族元素を注入し，p型半導体とn型半導体の境界を接するように作ったものをpn接合と呼び，こ

れが代表的な電子素子であるダイオードである。付図8に示すように，pn接合の境界領域ではp型層の正孔とn型層の余り電子がたがいに拡散しあって結合し，ともに消滅する。この領域を空乏層と呼ぶ。境界領域に生じた空乏層はp型およびn型の全領域に広がるのではなく，ごく狭い領域に限られている。

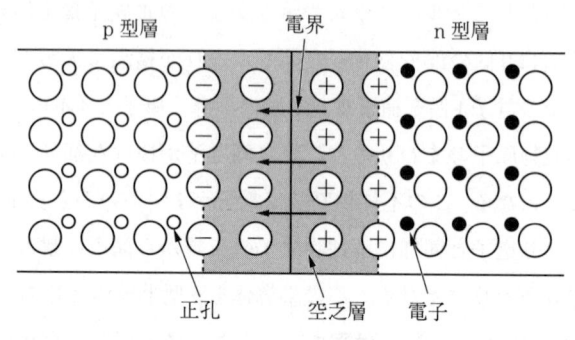

付図8 ダイオードの構造と電荷分布

ダイオードに直流電圧をかけるとどのようになるかを考える。付図9(a)に示すようにp型層を正，n型層を負にして電圧をかけた場合，この外からの電界の向きは空乏層の空間電荷による電界と逆方向なので，p型層の正孔もn型層の余りの電子も接合部の方向へ力を受けることになる。この力によって，p型層の正孔はn型層へ流れ込み，そこの余り電子と結合して消滅し，またn型層の余った電子はp型層へ流れ込み，そこの正孔と結合して消滅する。この場合には電流が流れることになる。この方向の電圧を順方向電圧と呼ぶ。

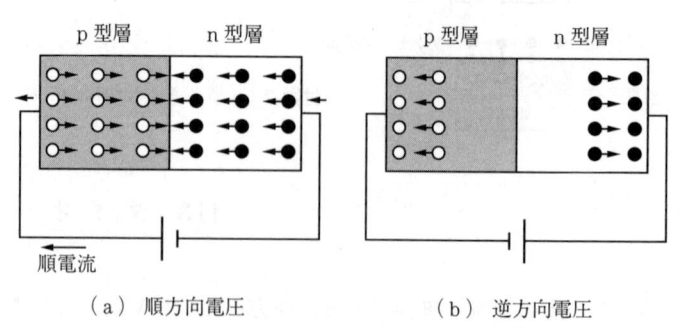

(a) 順方向電圧 (b) 逆方向電圧

付図9 ダイオードに加える電圧とキャリアの挙動

付録　エレクトロニクスの基礎　　　　　　　　165

　これとは逆に，p型層を負，n型層を正にして電圧をかけると，付図9(b)に示すようにp型層の正孔は負極へ，n型層の電子は正極へ，互いに接合部から遠ざかる方向に移動する。そのため，空乏層はますます広がり，空間電荷が増加して空乏層の電位差が高くなる。この場合，p型の正孔もn型の電子も接合面と反対側にかたよるだけで定常的な電流は流れなくなる。この方向の電圧を逆方向電圧と呼ぶ。

　したがって，ダイオードは，**付図10**に示すような電流－電圧特性になり，片方向にしか電流を流さない素子である。ダイオードの応用回路には，**付図11**に示すように，交流電流を直流電流に変換する整流回路がある。

　ダイオードに光を当てると起電力が生じる。この効果を利用して光を電気に変換するフォトダイオードがある。**付図12**にフォトダイオードの構造を示す。

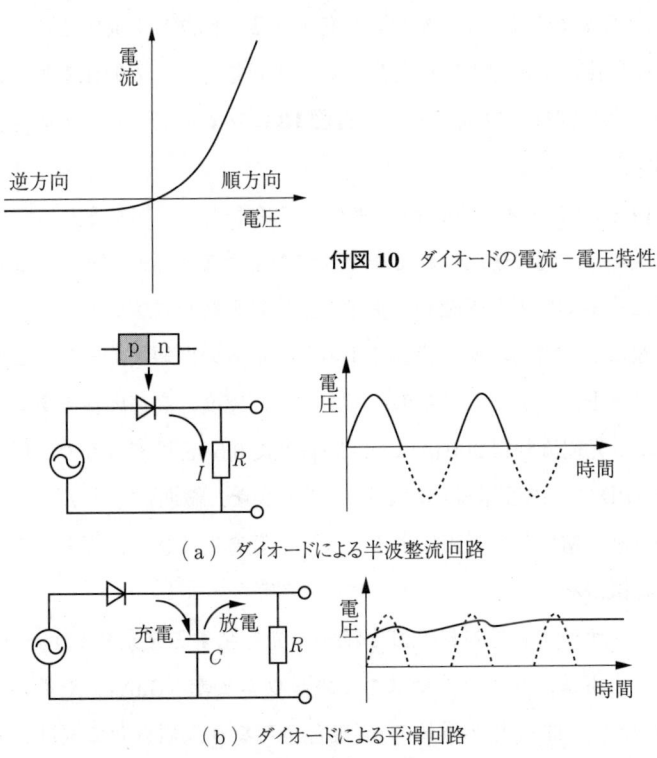

付図10　ダイオードの電流－電圧特性

（a）ダイオードによる半波整流回路

（b）ダイオードによる平滑回路

付図11　ダイオードの応用回路

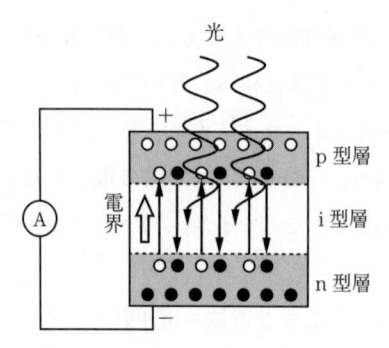

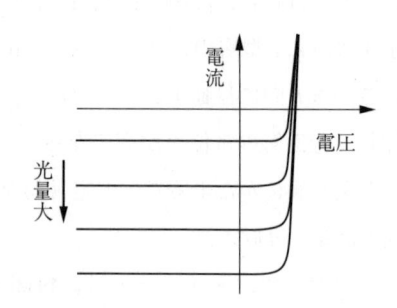

付図 12 フォトダイオードの構造と動作原理

付図 13 フォトダイオードの電流-電圧特性

これは，半導体のp^+, i, n^+の3領域からなり，p側には負の電位，n側には正の電位の逆バイアスを印加する。iは真性半導体の領域で，空乏層を広げる役割がある。半導体のエネルギー間隔に相当する間隔波長より短い波長の光波が入射すると，光波は吸収されて光電流を発生する。回路を形成することでこの光電流は抵抗に流れて出力電圧を発生する。光起電力は，入射光の強さに比例する。太陽電池も同様の原理である。**付図13**にフォトダイオードの電流-電圧特性を示す。

また，pn接合ダイオードに高い逆バイアス電圧を印加すると，この電圧は空乏層にかかり，光で生成されたキャリヤが空乏層を通過するとき高いエネルギーを得た状態で格子と衝突し，電子-正孔対を新たに生成する。この過程を連続的に起こし，雪崩現象の状態にすると光信号の増幅ができる。これがアバランシェフォトダイオード（APD）であり，高感度，高速応答である。シリコン-APDは，光電流利得200倍以上，応答速度0.5 ns以下のものが得られている。またAPDは，内部増幅作用をもつことから，微弱信号をアンプ熱雑音以上に高められ，増倍した電流によるショット雑音近くまで高周波での検出限界が下がる特徴がある。

フォトダイオードと反対に電流を流すと光を発する発光ダイオードもある。発光ダイオードは，シリコンではなくガリウムヒ素（GaAs）やインジウムリン（InP）などのⅢ-V族半導体のpn接合からなり，順方向に電流を流すと発光する。順方向に電圧をかけるとn型層の電子とp型層の正孔がpn接合面で結

合することで,伝導帯にある高いエネルギーをもっていた電子が低いエネルギーの価電子になる。このとき,エネルギー差の一部が光エネルギーとなって放出され,発光する(**付図14**)。発光ダイオードは表示デバイスやディスプレイなどに利用されている。

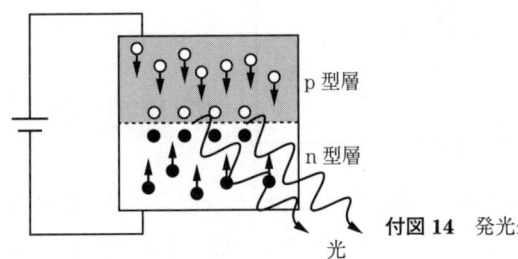

付図14 発光ダイオード

付4 トランジスタ

p型とn型の半導体をpnpまたはnpnのように組み合わせ,中間層の半導体をきわめて薄くして作ったものを接合型トランジスタと呼ぶ。**付図15**には,トランジスタの構造を示したもので,各部から引き出された電極のうち,Eをエミッタ,Bをベース,Cをコレクタと呼ぶ。図にはトランジスタの回路記号を示している。

このトランジスタの働きについてエミッタ接地回路を用いて説明する。エミッタ接地は,**付図16**に示すようにエミッタをベースおよびコレクタと結んで

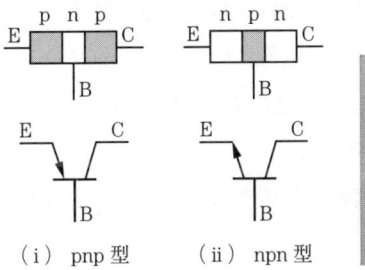

(i) pnp型 (ii) npn型

(a) 構造と回路記号   (b) さまざまなトランジスタの写真

付図15 接合型トランジスタ

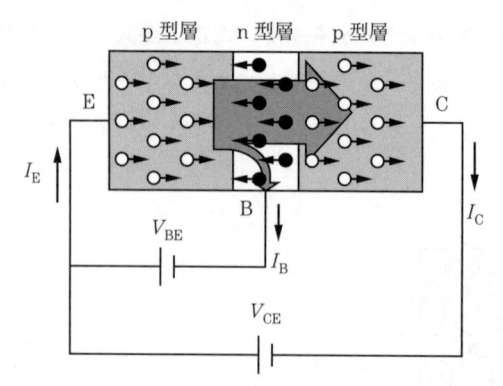

付図16 接合型トランジスタの動作原理（エミッタ接地の場合）

共通端子とした回路である。図のようにpnp型トランジスタに対しては，コレクタおよびベースを負にして，エミッタとの間にそれぞれV_{CE}，V_{BE}の電圧をかける。このようにすると，エミッタとベースの間には順方向電圧がかかることになるから，エミッタのキャリヤである正孔はベース方向へ流れる。これをエミッタ電流I_Eと呼ぶ。ベースへ流れ込んだ正孔の一部はベースのキャリヤである余り電子と結合して消滅し，その分，順電流としてエミッタとベース間を流れる。この電流をベース電流I_Bという。ダイオードではp型層とn型層のキャリヤ数は同じで，それぞれのキャリヤはたがいに結合消滅して大きな電流が流れる。しかし，トランジスタではベース部分がきわめて薄くなっており，キャリヤ数は非常に少ない。そのため，エミッタからきた正孔のうちベースの余り電子と結合できるのはごくわずかで，ベース電流はきわめて小さく，正孔の大部分は，ベース電子と結合できずにそのままコレクタとの接合部に到達する。コレクタ接合部ではもともとの空間電荷や外からの逆電圧によって強い電界が働いており，ここに到達した正孔はこの電界に引かれて一気にコレクタへ流れ込む。これをコレクタ電流I_Cと呼ぶ。I_B，I_C，I_Eの関係は式(1)のようになる。

$$I_C = I_E - I_B \tag{1}$$

一方，エミッタからコレクタへ流れ込む正孔の割合をαとすると

$$\alpha = \frac{I_C}{I_E} \tag{2}$$

式(1)と式(2)からI_CとI_Bの関係は

付録　エレクトロニクスの基礎

$$\alpha = \frac{I_C}{I_B} = \frac{\alpha}{1-\alpha} \tag{3}$$

のようになる。αはトランジスタの構造と関係している。ベース部分が薄いトランジスタほどコレクタへ流れ込むキャリヤが多いからαは1に近い。実際には$\alpha=0.9\sim0.99$程度である。この場合，微小なI_Bを制御することによって大きな電流I_Cを制御できるようになる。$\alpha=0.99$の場合，I_C/I_Bは約100になる。これがトランジスタの増幅率となる。この様子を示したのが**付図17**に示す$V_{CE}-I_C$特性のI_Bによる依存性である。

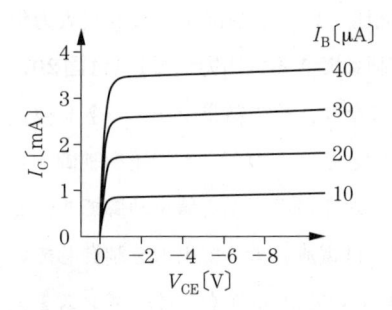

付図17　$V_{CE}-I_C$特性のI_Bによる依存性　　**付図18**　トランジスタを用いた増幅回路の例

付図18はトランジスタを用いた増幅回路の例である。例えば，入力側にマイク，出力側にスピーカをつけることで小さな声を大きな声に増幅できる。

付5　電界効果トランジスタ

電界効果トランジスタ（field effect transistor，略してFET）は，接合型トランジスタと同じ増幅作用がある。**付図19**には，単体のFETの構造を示す。p型シリコン基板上の2カ所を局所的なドーピングにより，n型にする。この部分に電極を形成するが，それぞれ，ドレーン（D），ソース（S）と呼ばれる。p型部分は酸化（絶縁）膜を形成し，その上に電極を形成する。この電極は，ゲート（G）と呼ばれる。半導体（semiconductor）基板上に絶縁体である酸化膜（oxide），金属電極（metal）を重ねた3層構造であるので，その頭文字

付図 19　FET

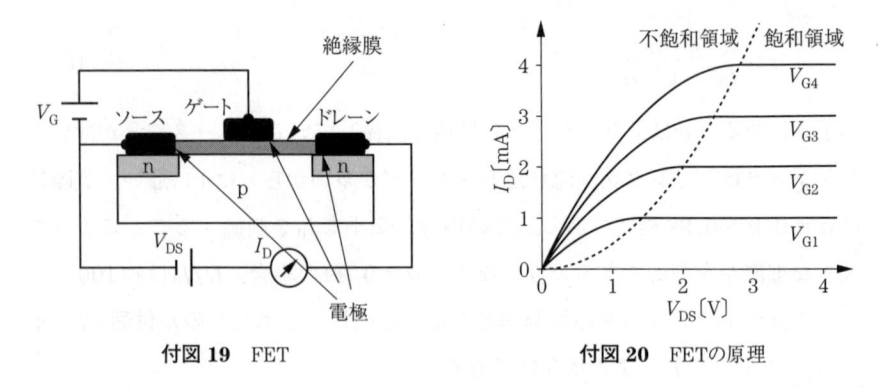

付図 20　FETの原理

を合わせてMOSFETと呼ばれる。ゲート電圧（V_G）を制御すること（入力信号）でドレーン-ソース間の電流（I_D）を制御できる（出力信号）（**付図20**）。ゲートに電圧をかけるとp型半導体がn型になり，その結果ソース-ドレーン間に電流が流れる道（チャネルと呼ぶ）ができる。このゲート電圧を制御することでチャネルの大きさを制御できる。わずかな電圧で電流値を制御でき，これを増幅作用と呼ぶ。接合型トランジスタでは電流によって出力を制御しているのに対し，FETでは電圧によって制御している。入力インピーダンスを大きくとれるという利点がある。MOSFETの場合は，プレーナ技術と呼ばれる大量生産技術で作製される。この技術で，数cm角の基板にFET，コンデンサ，ダイオードなどが数百万個以上形成された集積回路（integrated circuit，略してIC）が作製されている。集積回路は，プロセッサやメモリなどのエレクトロニクスの中心的役割を果たしている。

付6　オペアンプ

オペアンプは，演算増幅器と呼ばれ，その名のとおり，もともとアナログ電子回路の演算回路として標準化された。これが，万能増幅器としての要件をほぼ満たしていたため，集積回路として量産，低価格化に成功し，1個のトランジスタと同じように扱われている。オペアンプは，**付図21**に示すように8本足の電子素子であり，差動入力，シングルエンド出力の形をとる。

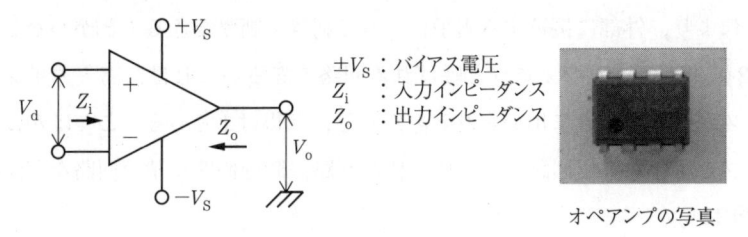

付録　エレクトロニクスの基礎　　　　　　　　　　　　　　　　171

$\pm V_S$ ：バイアス電圧
Z_i ：入力インピーダンス
Z_o ：出力インピーダンス

オペアンプの写真

付図 21　オペアンプ

付図 22 には基本増幅回路である反転増幅器である．この場合，利得 G は式(4)のように表される．

$$G = \frac{V_2}{V_1} = -\frac{Z_2}{Z_1} \tag{4}$$

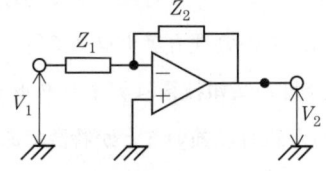

付図 22　反転増幅回路 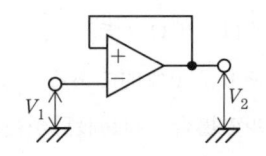　　　　**付図 23**　ボルテージフォロワ回路

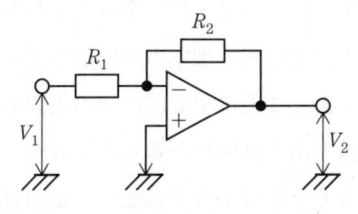

（a）係数回路：$V_2 = -\dfrac{R_2}{R_1} V_1$ 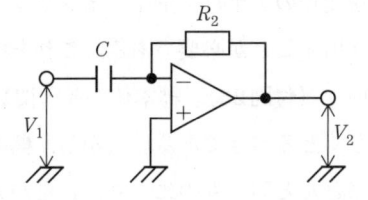　　（b）微分回路：$V_2 = -CR_2 \dfrac{dV_1}{dt}$

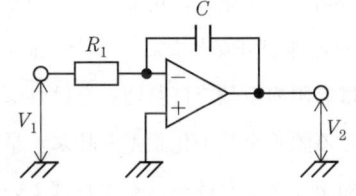

（c）積分回路：$V_2 = -\dfrac{1}{CR_1} \int V_1 dt$

付図 24　オペアンプのさまざまな応用回路

これより，外部に接続する素子によって利得を調整できることがわかる。**付図23**はボルテージフォロワと呼ばれる回路である。これは，高入力インピーダンスが必要なときに用いられる。ただし，利得は1である。このほかにオペアンプを用いた応用回路としては，係数回路，微分回路や積分回路などがある（**付図24**）。

付7 アナログ–ディジタル変換

身近にある物理量のうち，温度，湿度，速度，圧力，時間などは連続的な変化量，すなわち，アナログ量である。これに対して，ものの値段や人口は不連続な数値，すなわち，ディジタル量である。センサーの対象となる物理量や化学量の多くはアナログであり，その電気信号での処理もアナログで行われるのが簡単であり，一般的である。しかし，今日の情報技術はディジタルである。ディジタルの場合，回路設計が複雑であるが雑音に強いことが特徴である。この節ではアナログ–ディジタル変換について述べる。

連続変化のアナログ量をディジタル化するには，まず信号を適当な時間間隔で取り出すことが必要である。これを標本化と呼ぶ。標本点の間隔を標本化間隔という（**付図25**）。標本値が元の関数を正確に表現するには標本化間隔を十分小さくとるべきである。しかし，標本点をあまり密にとるととなり合う標本値とほとんど同じものになり，むだが大きくなるばかりではなく，情報量が多くなりすぎるためメモリ容量が不足するおそれもある。最大周波数の2倍の周波数で標本化すれば元の信号を正確に再現できるという標本化定理がある。合理的な標本化間隔はこの定理が目安となる。また，x（縦軸）の連続的な数値もディジタル化するには有限の桁数で打ち切らなければならない。これを量子化と呼ぶ。このとき生じる誤差を量子化誤差と呼ぶ。量子化誤差を小さくするためには，量子化の間隔をできるだけ小さくすればよい。

アナログをディジタルに変換（A–D変換）する方式はさまざまあるが，**付図26**には二重積分方式A–D変換器を示している。回路は入力電圧V_{in}，基準

付録 エレクトロニクスの基礎

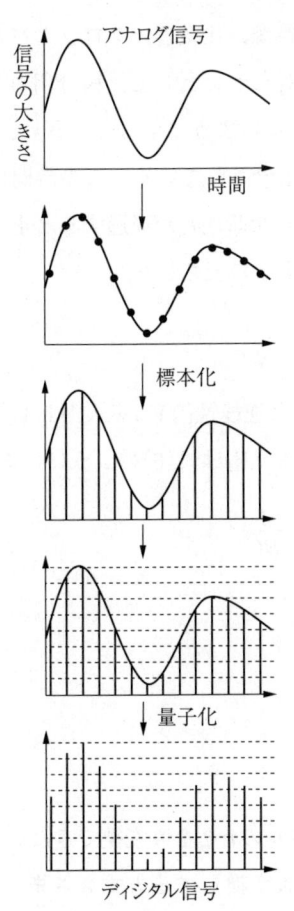

付図 25 アナログ-ディジタル変換における標本化と量子化

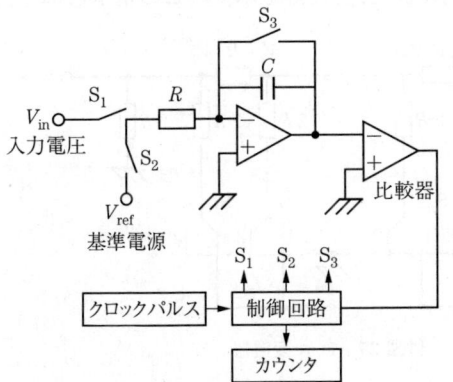

付図 26 A-D 変換器

電圧V_{ref}を積分するミラー積分器,基準電源,比較器,クロックパルス,カウンタからなる.まず,リセット期間はS_3をオンとして,積分用コンデンサCの電荷を放電して積分回路の出力が0となるようにする.つぎに,V_{in}の積分期間はS_1をオンとして,V_{in}が一定時間積分されていく.この時間はクロック周期Tのクロックパルスで計測N,指定した時間t_1が経過すると止まる.このとき積分器の出力はV_1となり,式(5)のように表される.

$$V_1 = -\frac{1}{RC}\int_0^{t_1} V_{in} dt = -\frac{1}{RC} t_1 = -\frac{1}{RC} NT \tag{5}$$

V_{ref}の積分期間はS_2をオンとして,V_{in}と逆極性のV_{ref}を入力し$V_2=0$となるまで積分する.このときの計測はnとする.V_2は式(6)のようになる.

$$V_2 = V_1 - \frac{1}{RC}\int_0^{t_2}(-V_{ref})dt = V_1 - \frac{1}{RC} t_1$$

$$= V_1 - \left(\frac{1}{RC} - V_{ref}\right) nT \tag{6}$$

式(5),(6)より

$$n = \frac{V_{in}}{V_{ref}} N \tag{7}$$

これよりアナログ入力電圧V_{in}はディジタルのnとなり変換できた.

ディジタルからアナログに変換(D-A変換)する方式もさまざまあるが,**付図27**には,はしご型R-$2R$ D-A変換器を示す.この基本形は抵抗Rと$2R$

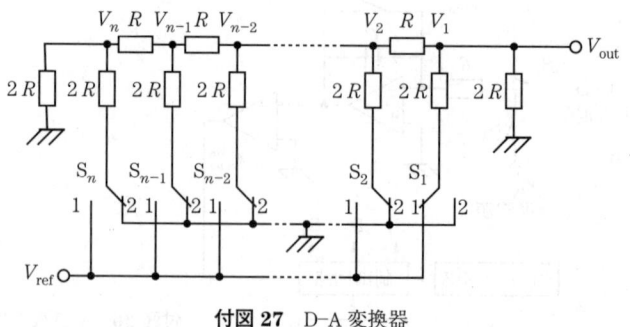

付図27 D-A変換器

による抵抗網とアナログスイッチの組合せによる電圧加算回路から構成されている。このスイッチ S_1, S_2, $\cdots$, S_n がディジタル入力信号によって制御され，V_{out} がアナログ信号である。スイッチ S_i には接続された抵抗 $2R$ は $S_i = 1$ のとき一定基準電圧源 V_{ref} に接続され，$S_i = 0$ のとき接地される。いま図の i 番目のスイッチ S_i のみが1でその他は0であるとする。図において 1-$1'$, 2-$2'$, $\cdots$, i-i', $\cdots$, n-n' から左を見込んだ抵抗はつねに R であるから出力側からみた等価回路は図のように，抵抗 R と起電力 $V_R/2^{n-1-i}$ が直列接続した回路となる。したがって，重ね合わせにより一般の出力電圧 V_0 は式(8)で与えられる。

$$V_{out} = \frac{V_{ref}}{2^n}(S_n 2^n + S_{n-1} 2^{n-1} + \cdots + S_1 2^1) \tag{8}$$

これより，2進数 $S_n S_{n-1} \cdots S_1$ に比例した出力が得られ変換できたことがわかる。

引用・参考文献

1) 鈴木周一 編：バイオセンサー，講談社サイエンティフィック（1984）
2) 軽部征夫 監修：バイオセンサー，シーエムシー出版（2002）
3) 軽部征夫 編著：バイオセンシング，啓学出版（1988）
4) 軽部征夫，民谷栄一 編著：バイオエレクトロニクス，朝倉書店（1994）
5) 軽部征夫：バイオセンサー，共立出版（1986）
6) 相澤益男：バイオセンサのおはなし，日本規格協会（1993）
7) A.F.P. Turner, I. Karube and G.S. Wilson（Ed.） : Biosensors Fundamentals and Applications, Oxford Science Publications（1987）
8) 清山哲郎，塩川二朗，鈴木周一，笛木和雄 編：化学センサー，講談社サイエンティフィック（1982）
9) 高橋 清，小沼義治，國岡昭夫：センサ工学概論，朝倉書店（1988）
10) 斎藤正男：生体工学，コロナ社（1985）
11) 山越憲一，戸川達男：生体用センサと計測装置，コロナ社（2000）
12) 岡田正彦 編著：生体計測の機器とシステム，コロナ社（2000）
13) 築部 浩 編著：分子認識化学，三共出版（1997）
14) 生田 哲：バクテリアのはなし，日本実業出版社（1999）
15) 中山義之：生化学基礎実習第2版，三共出版（1983）
16) 有坂文雄：スタンダード生化学，裳華房（1996）
17) 田宮信雄，八木達彦 訳：コーン・スタンプ生化学第5版，東京化学同人（1988）
18) 生田 哲：生化学超入門，日本実業出版社（2002）
19) 太田次郎，丸山工作 編：高等学校生物IB,II改訂版，啓林館（1998）
20) E. M. Kirkwood and C.J. Lewis 著，井口三重，井口 傑 訳：免疫学入門改訂2版，オーム社（1990）
21) 宇野良清，津屋 昇，森田 章，山下次郎 訳：キッテル固体物理学入門第7版，丸善（1997）
22) G. Ramsay : DNA chips, State-of-the art, Nature Biotechnology, **16**, pp.40〜45（1998）
23) 原田 学，佐藤高遠，米田英克：DNAチップの現状と展望，応用物理，**69**,

pp.1 412～1 417（2000）
24) 竹中繁織：DNAチップ—DNAチップ技術のこれまでとこれから—，高分子，**52**, pp.123～125（2003）
25) 野村俊明：水晶振動子の溶液化学分析への適用，BUNSEKI KAGAKU, **47**, pp.751～767,（1998）
26) 公開特許公報，特開平5-196595
27) 志田保夫，笠間健嗣，黒野　定，高山光男，高橋利枝：これならわかるマススペクトロメトリー，化学同人（2001）
28) 日本分析化学会九州支部 編：機器分析入門（改訂第3版），南江堂（1996）
29) 末松安晴：光デバイス，コロナ社（1986）
30) 美島　清，荻原利彦：基礎から学ぶ医用工学，大竹出版（1998）
31) 相良岩男：AD/DA変換入門，日刊工業新聞社（1998）

索引

【あ】

アクセプタ準位　163
アスコルビン酸　33, 46
アセチルコリン
　エステラーゼ　64
アセトアミノフェン　46
厚みすべり振動　101
アデニン　108
アデノシン　53
アデノシン-5´-リン酸　62
アデノシン二リン酸　62
アデノシン三リン酸　20, 62
アドレナリン　40
アナログ-ディジタル変換
　　172
アナログ量　172
アノード　9, 13, 46
アバランシェフォト
　ダイオード　166
アフィニティクロマト
　グラフィ　96
アミド結合　23
アミノ基　23
アミノ酸　22, 110
アルコールオキシダーゼ　50
アルコールデヒドロ
　ゲナーゼ　51
アルデヒド基　22
アンペロメトリック　51
アンモニア電極　53

【い】

イオノフォア　16, 18, 154
イオン化　144

イオン感応電界効果
　トランジスタ　17
イオン感応膜　17
イオン結合　25
イオンチャネル　142, 154
1塩基多形　113
1次構造　23
1次反応　82
遺　伝　108
遺伝子　108
遺伝子組換え作物　134
遺伝子疾患　127
遺伝子導入法　128
遺伝子発現解析　122
色変化　47
インスリン　41
インスリン依存型　42
インスリン非依存型　42
インタカレータ　124
インベルターゼ　63

【う】

ウイルス　67, 79
ウイルスベクター　128
ウエスタンブロット法
　　144, 156
ウレアーゼ　27, 53, 64

【え】

液　膜　17
エネルギー準位　160
エネルギー帯　160
エバネッセント波　89, 90
エバネッセント領域　91
エミッタ　167

エミッタ接地回路　167
エレクトロスプレー
　イオン化法　145
エレクトロポレーション　130
エレクトロポレーション法
　　135
塩基配列　110, 112
演算増幅器　170
遠心分離　22
エンタルピー　57

【お】

オキシダーゼ　50
オペアンプ　61, 170
オームの法則　58, 144

【か】

解析ソフト　123
害　虫　135
解離速度定数　95
化学センサー　1, 8
化学増幅　40
化学増幅作用　154
化学的酸素要求量　66
化学平衡　81
可逆反応　81
架橋試薬　29
核　108
核移植　133
核酸塩基　110
過酸化水素　28
過酸化水素電極　31
カスケード　55
ガスセンサー　103
ガス透過膜　72

索引

【か】

カソード	9, 13
活性化エネルギー	24, 58
活性中心	25, 29
価電子	159
価電子帯	160
可変部	80
ガラスpHセンサー	14
顆粒球	78
カルボキシル基	23
環境汚染	65
環境負荷物質	96, 156
環境保全	65
桿菌	68
還元型ニコチンアデニンジヌクレオチド	51
還元型フラビンモノヌクレオチド	52
還元状態	45
完全マッチ	113

【き】

基質	25
基質特異性	77
希釈	70
逆圧電効果	100
逆転写酵素	122
キャリヤ	168
キャリヤ濃度	162
球菌	68
競合反応	85
共振周波数	103
鏡像異性体	21
共鳴角	91
共有結合	161
共有結合法	29
極体	133
曲率	148
銀/塩化銀	10
禁止帯	160
金属薄膜	90
筋電図	139

【く】

グアニン	108
空乏層	164
クエン酸回路	64
クォーツ	99
クラウンエーテル	16
クラーク型酸素電極	11
グリコーゲン	21, 40, 41
グリセリン	52
グルカゴン	153
グルコース	19
グルコースオキシダーゼ	27
グルコース濃度	39
グルタルアルデヒド	29
クロマチン	108
クロマトグラフィ	4, 22
クローン生物	132

【け】

蛍光色素	118
蛍光色素標識	124
携帯	2, 43
血液	43
結合速度定数	95
結合定数	81, 95
結合度	81
結合バイオセンサー	83, 99
血小板	78
血清	42, 96
血糖値	39, 42
ゲート	169
ゲノム	108
ゲノム創薬	126
原核生物	114
嫌気性微生物	66
健康管理	48
検出器	148
検出限界	2

【こ】

抗ガン剤	127
高感度検出	83
好気性微生物	66
高血糖	41
抗原	78, 91, 95
抗原抗体反応	80, 106
酵素	70
——の失活	25
酵素活性度	64
酵素基質反応	106
酵素抗体法	85
酵素固定化技術	28
酵素作用	24
酵素センサー	1, 6
抗体	80, 83, 91
光電管	54
光電子倍増管	54, 150
酵母	67
五感	1
呼吸活性	72, 75
固定化膜	105
コレクタ	167

【さ】

細菌	79
細菌類	67
サイクリックAMP	153
採血	43
再現性	3, 104
細胞性免疫	79
細胞操作	128
細胞分裂	134
細胞融合	128
再利用	43
サザンブロット法	114, 120
殺虫剤	135
殺虫剤耐性	135
サーミスタ	57
酸化型ニコチンアデニンジヌクレオチド	51
酸化酵素	50
酸化状態	45
参照電極	9
3次構造	24
酸素センサー	70

索引

酸素電極		10
酸素透過膜		11
サンドイッチ		85
散乱光		85

【し】

資化		72
時間飛行型質量分析器		148
自己増殖能		71
実時間		95
質量分析法		144
質量分離部		145
ジデオキシヌクレオチド		
鎖伸長停止法		116
シトシン		108
シナプス		139
シナプス結合		140
脂肪酸		52
自由エネルギー		24
集積回路		170
自由電子		87
宿主植物		135
受光素子		54
数珠つなぎ状		129
受精卵		132
情報処理		1, 137
触媒抗体		97
触媒バイオセンサー		83
除草剤		134
除草剤耐性遺伝子		134
ショット雑音		166
シリコン		159
真菌類		67
神経細胞		137
神経障害		39
神経伝達物質		139, 152
信号変換素子		5, 28, 54, 99
腎症		39
心電図		139
親和定数		81
親和度		27, 81

【す】

水質汚濁		65
水晶		99
水晶振動子		6
膵臓		40
水素結合		25, 28, 112
スキャナ		123
スクロース		63
スポット		120

【せ】

生活排水		67
制限酵素		114
正孔		161
静止膜電位		138
生体触媒		24
生体電気信号		139
生体物質		28
生体分子の相互作用		90
生体防御機構		78
生物燃料電池		157
生物の五感		106
絶縁体		159
赤血球		43, 78
接合型トランジスタ		167
遷移状態アナログ		97
全ゲノム		113
センサーグラム		94, 103
センサーチップ		43, 94
センサーの応答時間		3
染色体		133
選択性		52, 76
選択膜		34
セントラルドグマ		110

【そ】

双球菌		68
増幅作用		83
増幅率		169
相補DNA		122
相補DNA配列		113
相補塩基対		113
相補的		110
阻害		134
阻害剤		25
速度定数		25
ソース		169
疎水結合		25

【た】

ダイオード		165
体細胞クローン生物		132
大腸菌		68
ダイナミックレンジ		2
代理母		134
ターンオーバ数		27
単核食細胞		78
単結晶		99
単子葉植物		135
炭水化物		19
担体		28
タンパク質		22

【ち】

チオール基		93
チミン		108
沈殿		81

【つ】

使い捨て		43
使い捨て型		37

【て】

低血糖		40
ディジタル		2
ディジタル値		43
ディジタル通信		139
ディジタル量		172
定常状態		103
定常部		80
ディスプレイ		167
デオキシリボース		110
デキストラン		93
デヒドロゲナーゼ		51
電位検出		52

索引　　　　　　　　　　　181

電界効果トランジスタ	169	ヌクレオチド	110, 112, 118	表示デバイス	167
電気泳動	114			標本化	172
電気化学	124	【ね】		標本化定理	172
電気信号	1, 137	熱雑音	166	表面プラズモン	88
電気浸透	152	燃料電池	157	表面プラズモン共鳴	
電気穿孔	130				6, 87, 89
電気パルス	129	【の】			
電極活物質	124	脳波	139	【ふ】	
電子構造	161	農薬	156	フェーリング反応	22
転写	109	ノナクチン	16	フェロセン	45
伝導帯	160			フォトダイオード	54, 165
伝導電子	161	【は】		フォトリソグラフィ	122
電流検出	51	バイオリアクタ	28	複合体	25, 81
		ハイブリダイゼーション		複合体形成	81
【と】			106, 116, 123	複製	109
糖	110	培養	71	不純物	159
糖質	19	パウリの排他律	160	不純物半導体	159
導出電極	139	パターン認識	107	不斉炭素	21
透析膜	38	白血球細胞	78	物質移動律速	9
糖尿病	39	発酵	37	物理吸着法	28
毒物	64, 76	発光ダイオード	166	物理センサー	1
ドナー準位	162	バッチ型	34	ブドウ球菌	68
ドーピング	169	パッチクランプ	142	不稔性	135
トランジスタ	167	パーティクルガン法	136	プライマー	116
トリプシン	24, 30	ハプテン	96	フラグメンテーション	145
ドレーン	169	バリノマイシン	16	プラズマ振動	87
		反転増幅器	171	プラズモン	87
【に】		半導体	159	プラズモン波	88
2次構造	23	半導体技術	12, 60, 151	フラビンモノヌクレオチド	
2次電子	149				52
2次反応	82	【ひ】		プリズム	90
2重らせん	113	光ファイバ	56	フルクトース	63
ニトロセルロース紙	115	微小化酸素電極	12	プレーナ技術	170
日本工業規格	69, 73	ヒストン	108	フロー型	34
乳酸	49	ひずみ	100	プローブ	115
乳酸オキシダーゼ	49, 50	微生物	67, 70	プロテインキナーゼ	153
乳腺細胞	133	微生物固定化膜	72	プロテオーム解析	156
ニューラルネットワーク	107	微生物センサー	6	プロトプラスト	135
尿酸	46	ビタミンC	33	分散関係	88
		非特異的吸着	104	分子インプリント法	155
【ぬ】		非標識	95	分子識別機構	77
ヌクレオシド	112	病原菌	67	分子識別素子	5, 28, 70
ヌクレオソーム	108	標識	87	分子識別力	4, 25

索引

【へ】

ベクター	135
ベース	167
ベースライン	59
ペニシリナーゼ	52
ペプシン	24
ペプチド結合	23, 110
ペプチド鎖	23

【ほ】

ホイートストンブリッジ	59
芳香族アミノ酸	134
放射性同位体元素	87
放射性物質	120
飽和溶存酸素水	69
ホストゲスト化学	154
ポテンショメトリック	52
哺乳動物	132
ポリアクリルアミドゲル	30
ポリクローナル抗体	96
ポリメラーゼチェインリアクション法	116
ボルツマン定数	58
ホルモン	152

【ま】

マイクロアレー	120
マイクロインジェクション	128
マイクロインジェクション法	135
マイクロプレート	120
マクロファージ	78, 79, 83

【み】

マトリックス	30, 44, 147
マトリックス支援レーザ脱離法	145
ミカエリス定数	27
ミカエリス−メンテンの式	27
ミスマッチ	113, 124

【め】

メッセンジャーRNA	110
メディエータ	34, 45
免疫	77
免疫拡散法	85
免疫記憶	82
免疫グロブリン	80
免疫センサー	6, 96

【も】

毛細管現象	152
毛細血管	39
網膜症	39
モノクローナル抗体	97

【ゆ】

有機薄膜	102
有機物	65
誘電泳動	129
誘導部位	139

【よ】

溶存酸素	10, 69
溶存酸素量	65

予防接種 82

【ら】

ラジオイムノアッセイ	87
らせん菌	68
ランゲルハンス島B細胞	41
卵子	134

【り】

リアクタ型	35
律速段階	26
立体構造	25
リパーゼ	52
リボース	112
リボソーム	110
量子化	172
量子化誤差	172
リン酸	110
リン酸緩衝液	69
リンパ管	78
リンパ球	78, 79
リンパ節	78

【る】

ルミノール	55

【れ】

レーザネフェロメトリ	84
レセプタ	126, 139, 152
連鎖球菌	68

【A】

A−D変換器	43
ADP	62
AMP	62
ATP	19, 20, 62
ATカット	101

【B】

BOD	65
BODセンサー	6
B細胞	79, 83
Bリンパ球	79

【C】

cAMP	153
cDNA	122
COD	66

【D】

DNA	108

索引

DNAチップ	120				pHセンサー	15
DNAポリメラーゼ	110	**【K】**			pn接合	163
DO	69	Kretschmann配置	89			
【F】					**【R】**	
		【L】			RNAポリメラーゼ	110
FAD	45	L 鎖	80			
FET	17, 169				**【S】**	
FMN	52	**【M】**			SNP	113
FMNH$_2$	52	MEMS	151		SNP検出	124
		MOSFET	170			
【H】		mRNA	110		**【T】**	
H 鎖	80				T細胞	79, 82
		【N】			Tリンパ球	79
【I】		NAD$^+$	51			
IgA	80	NADH	52		αヘリックス	23
IgE	80	n型半導体	162		βシート	23
IgG	80				μTAS	151
IgM	80	**【P】**			III族元素	163
ISFET	17, 151	PCR法	116		IV族元素	162
		pH計	1, 15		V族元素	162

―― 著者略歴 ――

1989 年　東京工業大学工学部電子物理工学科卒業
1994 年　東京大学大学院工学系研究科博士課程修了（電子工学専攻）
　　　　　博士（工学）（東京大学）
1998 年　高知工科大学専任講師
2000 年　芝浦工業大学助教授
　　　　　現在に至る

バイオセンサー入門
Introduction to Biosensor　　　　　　　　© Hitoshi Muguruma 2003

2003 年 12 月 5 日　初版第 1 刷発行
2004 年 10 月 15 日　初版第 2 刷発行

検印省略	著　者	六　車　仁　志 （む　ぐるま　ひと　し）
	発行者	株式会社　コロナ社
		代表者　牛来辰巳
	印刷所	三美印刷株式会社

112-0011　東京都文京区千石 4-46-10
発行所　株式会社　コロナ社
CORONA PUBLISHING CO., LTD.
Tokyo Japan
振替 00140-8-14844・電話(03)3941-3131(代)

ホームページ http://www.coronasha.co.jp

ISBN 4-339-00759-5　　（新井）　（製本：愛千製本所）
Printed in Japan

無断複写・転載を禁ずる
落丁・乱丁本はお取替えいたします